Crashkurs Mitarbeiter-Onboarding

Praxiswissen für HR, Coaches und Führungskräfte

V. Lemke (Hrsg.) / C. Birmele / J. Bömers / A. Merklin-Wendle / F. Pohl

Crashkurs Mitarbeiter-Onboarding

Praxiswissen für HR, Coaches und Führungskräfte

2. überarbeitete und erweiterte Auflage 2020

Impressum

Print: Bestell-Nr.: 14129-0001
ePub: Bestell-Nr.: 14129-0100

Veit Lemke (Hrsg.)
Crashkurs Mitarbeiter-Onboarding
Praxiswissen für HR, Coaches und Führungskräfte
2. überarbeitete und erweiterte Auflage 2020

© 2020, Haufe-Lexware GmbH & Co. KG, Munzinger Straße 9, 79111 Freiburg
https://www.myonboarding.de/crashkurs-mitarbeiter-onboarding

Herausgeber: Veit Lemke
Autoren & Redaktion: Catrin Birmele, Janika Bömers, Anja Merklin-Wendle, Felix Pohl

Satz: Reemers Publishing Services GmbH
Druck: CPI books GmbH
Covergestaltung & Illustrationen: Burger Design, Christine Dijkstra

Dieses Werk einschließlich aller seiner Teile ist urheberrechtlich geschützt. Alle Rechte, insbesondere die der Vervielfältigung, des auszugsweisen Nachdrucks, der Übersetzung und der Einspeicherung und Verarbeitung in elektronischen Systemen, vorbehalten. Alle Angaben/Daten nach bestem Wissen, jedoch ohne Gewähr für Vollständigkeit und Richtigkeit.

Inhalt

Vorwort   9

1 Einführung   11
- 1.1 Was genau ist Onboarding?   11
- 1.2 Onboarding als Philosophie verstehen   13
- 1.3 Gutes Onboarding ist längst Pflicht und keine Kür   15
- 1.4 Einflussfaktoren auf den Onboarding-Prozess   17
- 1.4.1 Arbeitnehmermarkt   17
- 1.4.2 Wettbewerbsdruck zwischen den Arbeitgebern   18
- 1.4.3 Unsichere, kurze und »freie« Arbeitsverhältnisse   18
- 1.4.4 Hohe Erwartungen und soziales Bewusstsein der Arbeitnehmer   19
- 1.4.5 Neue mobile Arten von Informationsvermittlung, Aufgabenbearbeitung, Lernen und Vernetzung   20

2 Was bewegt neue Mitarbeiter?   21
- 2.1 Karriereplanung und geänderte Bedürfnisse   21
- 2.2 Das berüchtigte »schwarze Loch« nach der Vertragsunterzeichnung   22
- 2.3 Die Onboarding Experience des Onboardees   29

3 Was bewegt HR und die Organisation?   34
- 3.1 »War for talents« und Employer Branding   36
- 3.2 Unternehmenskultur: Was macht das eigene Unternehmen aus?   38
- 3.3 Passung zum Unternehmen: Cultural Fit   39
- 3.4 HR als Prozess-Owner und Heber von Optimierungspotenzialen   40

4 Was bewegt die Fachabteilung und das Team?   43
- 4.1 Information und klare Zuständigkeiten schaffen Akzeptanz für den Neuen   43
- 4.2 Welcher Bewerber passt ins Team?   45
- 4.3 Teamrecruiting: Team in die (End-) Auswahl einbeziehen   46
- 4.4 Den richtigen Paten als Starthelfer auswählen   48
- 4.5 Soziale Integration ist auch Führungsaufgabe   49
- 4.6 Fachliche Einarbeitung: Schnelles Erreichen der Zielperformance   51

5	**Was Onboarding für Ihre Unternehmensziele leistet**		**55**
	5.1 Wie Sie den CEO / CFO überzeugen		56
	5.2 Durch KPIs wird Onboarding transparent und messbar		61
	5.2.1 Mit einem strukturierten Onboarding-Prozess die richtigen KPIs definieren		64
	5.2.2 Die häufigsten Onboarding KPIs und was sie aussagen		65
	5.3 Wie berechne ich den ROI (»return on investment«) meiner Onboarding-Aktivitäten?		68
6	**Onboarding als Projekt**		**74**
	6.1 Die 3 »Must-haves«		75
	6.2 Die 5 Phasen des Onboardings		76
	6.2.1 Schmerzpunkte identifizieren		76
	6.2.2 Beteiligte abklären		77
	6.2.3 Onboarding-Prozess modellieren		78
	6.2.4 Onboarding Journey erarbeiten		82
	6.2.5 Konkrete Umsetzung: So läuft der optimale Roll-out		82
	6.3 Überführung in den Live-Betrieb		89
7	**Exzellentes Onboarding: So gehen Sie vor**		**91**
	7.1 Preboarding: Maßnahmen vor Arbeitsantritt		91
	7.2 Orientierungsphase: Erster Arbeitstag und »Ankommen« im Unternehmen		96
	7.3 Fachliche Einarbeitung & soziale Integration		101
	7.3.1 Fachliche Einarbeitung		101
	7.3.2 Soziale Integration		107
	7.4 Übernahme oder nicht?		110
8	**Besondere Formen des Onboardings**		**111**
	8.1 Onboarding von Young Talents		111
	8.1.1 Beziehung zum Azubi stärken		112
	8.1.2 Trainees als Führungskräfte von morgen einbeziehen		116
	8.1.3 Werkstudenten		118
	8.1.4 Hochschulabsolventen und Berufsanfänger		120
	8.2 Onboarding von Führungskräften		122

8.2.1	Warum ist strukturiertes Onboarding für Führungskräfte so wichtig?	123
8.2.2	Kennenlernen, Vernetzung und Kontakte für Führungskräfte	124
8.2.3	Einarbeitung und Feedback beim Onboarding	126
8.2.4	Erwartungen und Führungsstil	127
8.2.5	Unterstützung der Führungskraft durch Mentor	128
8.3	Onboarding von Experten mit Schlüsselkompetenzen	130
8.4	Onboarding von Homeoffice- und Remote-Mitarbeitern	132
8.5	Reboarding – Erfolgreich wieder Fahrt aufnehmen	135
8.6	Sonderfall Krankheit: Verpflichtung zum betrieblichen Eingliederungsmanagement	138
8.7	Offboarding – man sieht sich immer zweimal	141

9   Nach dem Onboarding ist vor dem Mitarbeiter-Engagement   148

9.1	Warum ist Mitarbeiter-Engagement so wichtig?	149
9.2	Wie lässt sich die Mitarbeiterbindung erhöhen?	152
9.3	Das aktive Fördern des Mitarbeiter-Engagements gehört auf die HR-Agenda	155
9.4	Die Rolle der Führungskraft	156
9.5	Die Rolle des Mentors	157

10   Praxisbericht: Onboarding bei der Hoffmann Group   160

Autoren   173

Anhang   177

Vorwort

Das An-Bord-Nehmen von neuen Mitarbeitern, das sog. Mitarbeiter-Onboarding, hat sich mittlerweile von einem »Anhängsel« des Recruitings zu einer eigenständigen HR-Disziplin entwickelt, ist es doch ein wichtiger Baustein, der auf den Unternehmenserfolg entscheidend einzahlt. Dem begegnen wir mit der vorliegenden zweiten überarbeiteten und erweiterten Auflage unseres Praxisratgebers. Wir freuen uns, dass die 1. Auflage ein so großes Interesse im Markt gefunden hat. In die 2. Auflage haben wir aktuelle Erkenntnisse aus der dritten Haufe Onboarding-Umfrage einfließen lassen und das Buch um einige neue Kapitel wie z.B. den Praxisbericht in Kapitel 10 erweitert.

Zur stetig wachsenden Wichtigkeit des Mitarbeiter-Onboardings trägt insbesondere bei, dass wertvolle neue Talente genauso schnell wieder weg sind, wie sie eingestellt wurden. So ist es von Anfang an unerlässlich, neue Mitarbeiter zu begeistern und zu binden. Gleichzeitig sollen neue Mitarbeiter schneller produktiv werden und ihre Leistung voll entfalten können. Dies gelingt aber nur durch eine wirksame nachhaltige Einarbeitung sowie gezielte soziale Integration.

Aktuelle Trends und gesellschaftliche Einflussfaktoren spielen eine ebenso wichtige Rolle. Der demografische Wandel und die sich verschiebenden Werte und Einstellungen insbesondere jüngerer Mitarbeiter (hohe Erwartungen und soziales Bewusstsein) stellen an die Einarbeitung und Integration neuer Mitarbeiter hohe Anforderungen. Die Tendenz zu kurzen und freien Arbeitsverhältnissen macht ein regelmäßiges »Onboarden« zur betrieblichen Normalität. Die durch die mobile Nutzung des Internets und App-Vielfalt völlig geänderte Informationsaufnahme stellt ein betriebliches Onboarding vor neue Herausforderungen. Welcher neue Mitarbeiter möchte noch ein gedrucktes hundertseitiges »Pamphlet« zur Einarbeitung durchlesen? Und nicht zuletzt die Tendenz zu sich ständig verändernden (agilen) Projekt-Teams macht beim jeweiligen Projektwechsel ein »Reboarding« oder »Offboarding« unumgänglich.

Die rasant fortschreitende digitale Transformation ist längst auch bei HR angekommen und beeinflusst damit auch das Onboarding. Informationsvermittlung, Aufgabenbearbeitung, Netzwerken und Lernen, werden durch digitale Unterstützung effizienter, einfacher und oft auch unterhaltsamer. Aber Achtung, damit sind auch die Ansprüche des Onboardings gestiegen. Gleichzeitig fällt der persönlichen Wertschätzung von Chef und Kollegen eine immer wichtigere Rolle zu. Ein Gegensatz? – Nein!

Orientierung und vor allem direkt einsatzbereite Hilfen anzubieten, ist die Intention der 2. Auflage dieses Praxisratgebers. Vom Einarbeitungsplan über die 5 Phasen des Onboardings, die Aufgaben einer Führungskraft oder die Rolle des Paten, bis hin zum Rollout digitaler Onboarding-Lösungen durch einen Onboarding Manager beleuchten wir die Themen im gesamten Onboarding-Prozess und zeigen außerdem die Besonderheiten beim Onboarding unterschiedlicher Zielgruppen auf – vom Azubi über den Hochschulabsolventen bis hin zur Führungskraft.

Nach allgemeinem Verständnis endet der Onboarding-Prozess offiziell nach der Probezeit. Wir sehen hier jedoch kein Ende, sondern einen fließenden Übergang in das kontinuierliche Mitarbeiter-Engagement. Das letzte Kapitel nimmt Sie nahtlos mit auf dieser Employee Journey.

Über Feedback und Ihre Erfahrungen beim Onboarden Ihrer Mitarbeiter freue ich mich!

Ihr

Veit Lemke (Veit.Lemke@haufe.com)

Herausgeber und Onboarding-Experte der Haufe Group

1 Einführung

1.1 Was genau ist Onboarding?

Um ein gemeinsames Verständnis für die Begrifflichkeiten des vorliegenden Praxisratgebers zu haben, kurz eine Beschreibung, was wir genau unter Onboarding verstehen: Onboarding bedeutet das »An-Bord-Nehmen« neuer Mitarbeiter und meint damit sowohl die allgemeine Einführung eines neuen Mitarbeiters als auch die fachliche Einarbeitung und vor allem die so wichtige soziale Integration. Wir betrachten Onboarding im Zeitablauf:

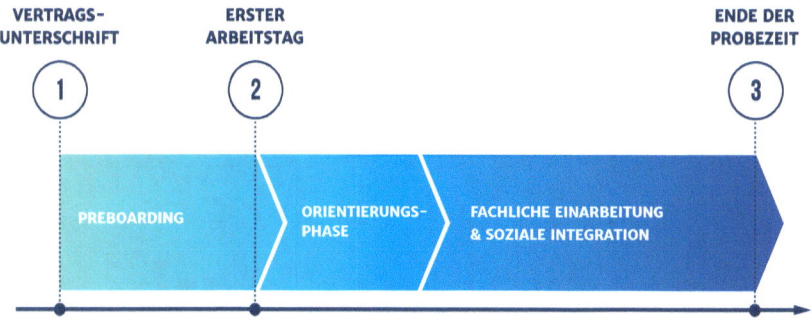

Abb. Onboarding in drei Phasen

- Die erste Phase, das sog. **»Preboarding«**, beginnt optimalerweise direkt nach Vertragsabschluss. Dem neuen Mitarbeiter sollten schon vor dem ersten Arbeitstag alle wichtigen Informationen bereitgestellt werden. Vor allem aber sollte bereits mit dem Beziehungsaufbau begonnen werden, um ihn in seiner Jobentscheidung zu bestärken. Hier gilt es, dem frisch rekrutierten Mitarbeiter das Gefühl zu vermitteln, dass er sich richtig entschieden hat und dass man sich auf seine Mitarbeit und Unterstützung freut.

- Die zweite Phase ist die **»Orientierungsphase«**. Neue Mitarbeiter erinnern sich auch noch nach Jahren an ihren ersten Arbeitstag. Daher sollten alle internen Prozesse rund um Facility Management, HR und IT so aufeinander abgestimmt und abgeschlossen sein, dass der Onboardee direkt sinnvoll und produktiv arbeiten kann. Und ganz wichtig: Er sollte begeistert von seiner Begrüßung und die über den ersten Arbeitstag hinausgehende nachhaltige Integration durch Führungskraft und Teamkollegen erzählen können.
- Die dritte Phase »das eigentliche Onboarding« meint eine nachhaltige **fachliche Einarbeitung** und **soziale Integration**. Die Begeisterung über den neuen Job gilt es in der Einarbeitungsphase aufrechtzuerhalten. Damit ein neuer Mitarbeiter möglichst schnell produktiv arbeiten kann, muss er fachlich gut eingearbeitet und sozial in das Team eingebunden werden. Ein vorab erstellter individueller Einarbeitungsplan ist das Herzstück der fachlichen Einarbeitung. Er dokumentiert die Aufgaben, Projekte und Arbeitsziele und der neue Mitarbeiter erfährt, wann welche Fortbildungen und Gesprächstermine stattfinden.

Abb. Der Weg des Onboardings

Je besser die Einführung, Einarbeitung und Integration vorbereitet werden und je früher die ersten positiven und wertschätzenden Kontakte stattfinden, desto schneller wird sich der Neue in seinem Arbeitsumfeld wohlfühlen und dann auch die erhofften Leistungen erbringen. Feedback ist dabei unerlässlich.

1.2 Onboarding als Philosophie verstehen

Was ist damit gemeint? Onboarding ist mehr als nur ein Willkommensschreiben oder die Begrüßung am ersten Arbeitstag. Das Wie und Was im Onboarding-Prozess sollte fest in der Unternehmensphilosophie verankert sein und auf die Werte und gelebte Kultur im Unternehmen einzahlen. Das geht nicht einfach so nebenbei. Dafür muss man Onboarding als eigenen Prozess etablieren, mit klar definierten Strukturen und Aufgaben, wer sich wann um was kümmert. Denn in dieser oft noch stiefmütterlich behandelten Phase in der Mitarbeiter-Journey entscheidet sich, ob der Neuzugang mit Motivation und Leistung letztendlich zum Unternehmenserfolg beiträgt. Beim Employer Branding und im Recruiting wird viel in die Candidate Experience investiert. Aber hat dann ein Bewerber unterschrieben, tut sich in vielen Unternehmen erst einmal nichts.

Aus Unternehmenssicht könnte man Onboarding auch als die Phase beschreiben, in der man seine Versprechen aus der Recruitingphase einlösen muss. Jetzt gilt es, dem neuen Mitarbeiter das Gefühl der Wertschätzung zu vermitteln, mit dem man ihn vorher umworben und geködert hat.

Onboarding muss im gesamten Kontext einer Mitarbeiter-Journey betrachtet werden. Die nachfolgende Abbildung zeigt, dass professionelles Onboarding nicht losgelöst von Recruiting oder Mitarbeiterbindung stehen kann, sondern sich nahtlos in die Unternehmensprozesse eingliedern muss.

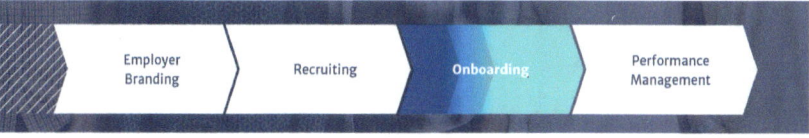

Abb. Onboarding im Kontext der Mitarbeiter-Journey

Wichtig ist dabei, dass Unternehmen den Onboarding-Prozess nicht aus einer internen Sicht heraus entwerfen, sondern Grundlage immer die externe Sichtweise des neuen Mitarbeiters ist. Denn nur eine strukturierte und begeisternde »Onboarding Journey« schafft von Anfang an zufriedene und motivierte Mitarbeiter, die umso schneller in die Performance Phase übergehen.

Es ist somit nicht getan, bislang existierende Onboarding-Maßnahmen einfach nur zu optimieren oder festzuschreiben, sondern ausgehend vom Onboardee sollte ein klarer und strukturierter Prozess aufgesetzt werden, um quasi ein »Onboarding next level« zu erreichen. Denn einzelne Onboarding-Aktivitäten gibt es mittlerweile in fast jedem Unternehmen.

Die drei eingangs definierten Onboarding-Phasen können ineinander übergehen oder sich überlappen. Es kommt darauf an, einen durchgängigen optimalen Onboarding-Prozess zu definieren und nachhaltig einzuführen. Dafür bedarf es eines richtigen Projekts, wie Sie in Kapitel 6 noch ausführlich erfahren werden. Aber die mittlerweile dritte von Haufe durchgeführte Onboarding-Umfrage zeigt, dass immer noch 21% der Befragten keinen Verantwortlichen haben, der die Onboarding-Prozesse koordiniert und vorantreibt. Bei den neuen Mitarbeitern in diesen Unternehmen bleibt es offensichtlich dem Zufall überlassen, ob und wie sie eingearbeitet und integriert werden.

HINWEIS

Die komplette Haufe Onboarding-Umfrage 2019 finden Sie im Anhang.

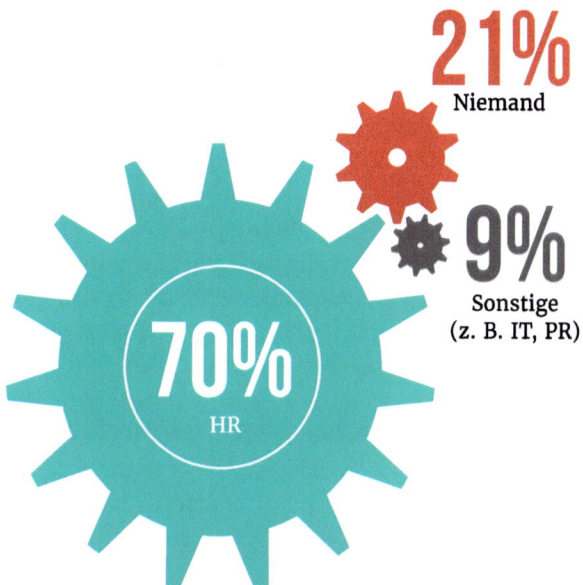

Abb. Die Prozesstreiber für das Onboarding. Quelle: Haufe Onboarding-Umfrage 2019

1.3 Gutes Onboarding ist längst Pflicht und keine Kür

Personaler und Führungskräfte unterschätzen laut Umfrage (siehe Anhang) also immer noch, wie wichtig der erste Eindruck ist, den ein neuer Mitarbeiter von der ersten Kontaktaufnahme, dem reibungslosen administrativen Ablauf sowie der Unternehmens- und Willkommenskultur bekommt. Von einem gelungenen Start hängt es aber ab, wie engagiert und motiviert sich ein neuer Mitarbeiter in den nächsten Wochen und Monaten einarbeiten und ins Team integrieren wird. Nur so kann er damit auch zu einer höheren Wertschöpfung beitragen und den Unternehmenserfolg steigern. Um diese Aussage unter Beweis stellen zu können bedarf es einiger KPIs, anhand derer sich Onboarding-Maßnahmen messen lassen (siehe Kapitel 5.2).

Jede Personalsuche kostet Zeit und vor allem Geld. Mehr denn je bewirken demografischer Wandel, Fachkräftemangel und digitale Transformation, dass Unternehmen sich auf alternative und neue Wege im Recruiting einlassen müssen, um die klügsten Köpfe im berühmten »war for talents« für sich zu gewinnen. Das gilt für große Konzerne ebenso wie für kleine und mittelständische Unternehmen. Deshalb wird viel in ein modernes, auf die jeweiligen Zielgruppen ausgerichtetes Recruiting investiert und unterschiedlichste Recruitingkanäle bespielt. Oft wird eine unterstützende Bewerbermanagement-Software, die den gesamten Bewerbungsprozess professionalisiert, eingeführt. So weit so gut. Aber was passiert dann, wenn der Bewerber angebissen und den Vertrag tatsächlich unterschrieben hat?

Die Praxis sieht leider so aus: In vielen Unternehmen passiert dann erstmal nichts mehr. Bildlich gesprochen, fällt der Bewerber in ein großes schwarzes Loch! Die Kommunikation reißt komplett ab, niemand fühlt sich jetzt so richtig zuständig: Für HR ist zunächst einmal der Recruitingprozess abgeschlossen, die Stelle ist offiziell besetzt. Für die Fachabteilung ist der Arbeitsbeginn des neuen Mitarbeiters noch zu weit weg, da dieser erst in einigen Monaten seine neue Stelle antritt. Doch hier lauert der große Irrtum. Denn bei 30% der befragten Unternehmen kommt es vor, dass teuer rekrutierte Kandidaten noch vor dem ersten Arbeitstag wieder abspringen. Es genügt eben als Onboarding-Maßnahme nicht, den neuen Kollegen mit Blumen am ersten Arbeitstag am Empfang zu erwarten. Denn da taucht er unter Umständen gar nicht erst auf. Hier sind von Anfang an zeitlich passende und strukturiert geplante Onboarding-Instrumente gefragt.

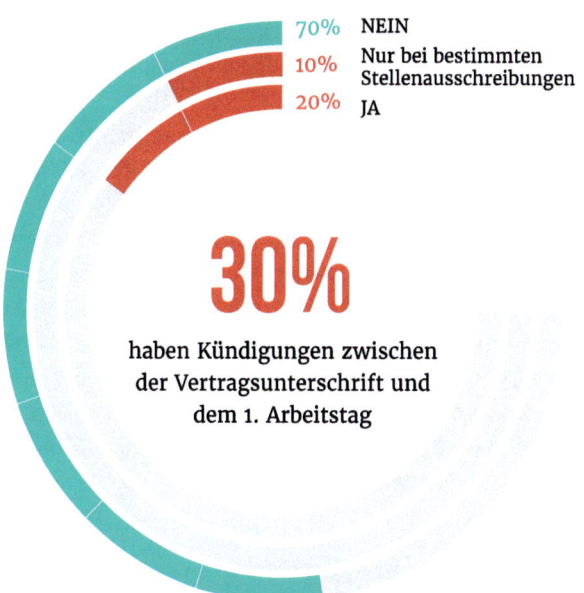

Abb. Fluktuation vor dem ersten Arbeitstag. Quelle: Haufe Onboarding-Umfrage 2019

Genau hier setzt unser Praxisratgeber an, der aufzeigt, wie wichtig es ist – gerade in Zeiten des Fachkräftemangels – mühsam rekrutierte Mitarbeiter nicht gleich wieder zu verlieren, weil man die Erwartungen, die während der Recruitingphase geweckt wurden, nach Vertragsunterzeichnung nicht erfüllt hat …

1.4 Einflussfaktoren auf den Onboarding-Prozess

Die äußeren Faktoren, die den Onboarding-Prozess und dessen Bedeutung für Unternehmen am meisten beeinflussen und verändern, lassen sich anhand der folgenden 5 Megatrends abbilden.

1.4.1 Arbeitnehmermarkt

Qualifizierte Fachkräfte können sich ihre Stellen aussuchen, da es in vielen Branchen ein Überangebot an vakanten Stellen gibt. Arbeitnehmer sind also in der komfortablen Situation, sich die Unternehmen auszusuchen, bei denen sie eine neue Tätigkeit aufnehmen wollen. Drastischer formuliert, nicht ein Arbeitnehmer bewirbt sich bei einem Arbeitgeber, sondern Unternehmen müssen sich bei ihren zukünftigen Mitarbeitern bewerben. Dieser Arbeitnehmermarkt, den wir aktuell in Deutschland vorfinden, führt zum berühmten »war for talents«, der sich vom Recruiting weiter ins Onboarding zieht. Denn auch nach der Vertragsunterschrift können sich die neuen Talente noch um-entscheiden. Wie wir laut Onboarding-Umfrage 2019 wissen, passiert dies gar nicht so selten, dass der neu rekrutierte Mitarbeiter noch in letzter Minute abspringt oder bereits nach einigen Wochen das Unternehmen wieder verlässt. Nicht motivierende Onboarding-Programme mit schlechter Einarbeitung und fehlender Integration sind immerhin einer der Haupt-Kündigungsgründe innerhalb der ersten Monate.

1.4.2 Wettbewerbsdruck zwischen den Arbeitgebern

Der Arbeitsmarkt hält für (Young) Talents viele Möglichkeiten bereit. Unternehmen müssen daher – zunächst im Recruiting – neue Wege beschreiten, um auch in Zukunft attraktiv für neue Mitarbeiter jeglicher Berufsgruppen zu sein. Hier gilt es, eine positive und vor allem authentische Arbeitgebermarke zu entwickeln und zu pflegen, um damit sowohl für Bewerber als auch für die eigenen Mitarbeiter (Mitarbeiterbindung) attraktiv zu sein. Wer als Unternehmen möglichst viele geeignete Kandidaten erreichen und zu einer Bewerbung motivieren will, muss sich von anderen Wettbewerbern abheben und sich über Alleinstellungsmerkmale differenzieren. Aber Achtung! Das beste Employer Branding ist dahin, wenn die Erwartungen danach nicht erfüllt werden. Stichwort Authentizität!

1.4.3 Unsichere, kurze und »freie« Arbeitsverhältnisse

Durch die immer häufiger praktizierten New Work-Ansätze mit agilen Arbeitsmethoden, müssen sich Mitarbeiter öfter auf sich verändernde Arbeitsverhältnisse einstellen. Teams formieren sich für eine bestimmte Aufgabe und lösen sich danach wieder auf. Es ist also ein ständiges On-

/ Re- oder Offboarding gefordert. Teams können jedoch erst effektiv und effizient arbeiten, wenn sich die Team-Mitglieder »sicher« fühlen. Sei es hinsichtlich Meinungsäußerung, Fehlerkultur oder Innovationsideen. Für Onboarding-Programme der Unternehmen bedeutet dies, die neuen Mitarbeiter schnell sozial und kulturell zu integrieren, damit diese Sicherheit Schritt für Schritt aufgebaut wird.

1.4.4 Hohe Erwartungen und soziales Bewusstsein der Arbeitnehmer

Gerade die jüngeren Generationen erleben durch die sozialen Netzwerke eine Offenheit, Transparenz und Selbstbestimmtheit, die ihr Verhalten maßgeblich bestimmen und die sie auch von ihrem zukünftigen Arbeitgeber erwarten. Sie sind sich ihres Wertes für die Unternehmen durchaus bewusst und erwarten, dass Unternehmen sie umwerben und sie dann auch das vorfinden, was man ihnen versprochen hat. Umso wichtiger ist ein professioneller – idealerweise softwareunterstützter – Onboarding-Prozess, der dem neuen Mitarbeiter zeigt, dass er willkommen ist. Kündigen Mitarbeiter unerwartet, wird es nämlich für das Unternehmen teuer, einen passenden Ersatz zu finden. Das Gleiche gilt für Fehlbesetzungen.

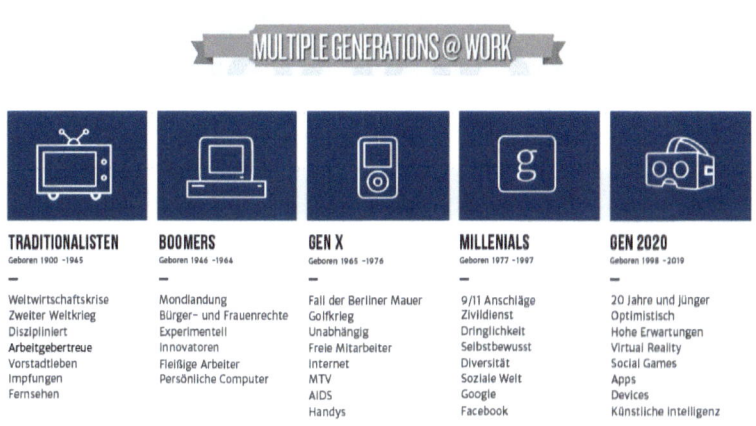

Abb. Die verschiedenen Generationen am Arbeitsmarkt

1.4.5 Neue mobile Arten von Informationsvermittlung, Aufgabenbearbeitung, Lernen und Vernetzung

Durch die Digitalisierung eröffnen sich immer neue Wege, die jedes Unternehmen für sich erschließen muss. Die digitale Transformation hat längst auch die HR-Abteilungen erreicht. Auch hier findet die digitale Trilogie[1] statt und bietet neue Chancen im Onboarding-Prozess:

- Alles, was digitalisiert werden kann, wird digitalisiert,
- alles, was nicht digitalisiert werden kann, wird wertvoller und
- alles, was vernetzt werden kann, wird vernetzt.

Digitale Kommunikationsformen und -kanäle verändern, wie wir miteinander umgehen und was wir voneinander wissen. Was auf LinkedIn, Xing, Twitter, Instagram oder YouTube verbreitet wird, steht allen offen. Die mit dem Smartphone aufgewachsenen Talente wollen auch von ihrem neuen Arbeitgeber eine für sie passende Art der Informationsvermittlung haben. Dabei geht es nicht nur um das Ende von ausgedruckten Arbeitspapieren, sondern um Spaß am Lernen, digitale Arten von Vernetzung und passende Informations-Nudges.

---

[1] Marcus Disselkamp, Sven Heinemann (2018): Digital-Transformation-Management. Stuttgart, Schäffer-Poeschel.

2 Was bewegt neue Mitarbeiter?

2.1 Karriereplanung und geänderte Bedürfnisse

Das Berufsleben bei einem Unternehmen zu beginnen und es bei demselben Unternehmen zu beenden, gehört längst der Vergangenheit an. Fach- und Führungskräfte wünschen sich nicht nur ein gutes Gehalt, sondern einen interessanten und abwechslungsreichen Job mit vielen Möglichkeiten, um sich selbst einzubringen und zu verwirklichen. Ist das nicht mehr gegeben, steigt die Wechselwilligkeit und es kommt zum Austritt.

Denn: Guten Talenten stehen auf dem Arbeitsmarkt viele Möglichkeiten offen und sie kennen ihren Marktwert. Vorbei sind die Zeiten, als sich Recruiter die besten Kandidaten aus einem großen Pool von qualifizierten Bewerbern aussuchen konnten. Um heute (Young) Talents einzustellen und vor allem langfristig zu halten, müssen Unternehmen sich einiges einfallen lassen. Ganz oben auf der Wunschliste der Kandidaten stehen neben einem attraktiven Gehalt und Benefits auch flexible Arbeitszeitmodelle, eine ausgewogene Work-Life-Balance, selbstbestimmtes Arbeiten, flache Hierarchien und Fortbildungsmöglichkeiten. Aber damit es überhaupt so weit kommt, müssen Unternehmen die Onboarding-Phase so gestalten, dass der neue Mitarbeiter schnell erste Arbeitserfolge erzielen kann und bleiben will. Auf diese geänderten Ansprüche vor allem der jüngeren Generationen reagieren viele Unternehmen leider immer noch sehr schwerfällig. Entsprechend hoch ist die Anfangsfluktuation.

Durch die zunehmende Vernetzung über die beruflichen und auch privaten Netzwerke werden Talente für potenzielle Arbeitgeber sichtbar, obwohl diese sich aktuell gar nicht bewerben, geschweige denn bisher auf Jobsuche waren. Von diesem Arbeitnehmermarkt profitieren qualifizierte Nachwuchskräfte enorm: Je nach Profil haben sie es heute leicht, einen neuen Job zu finden. Dementsprechend hoch sind ihre Ansprüche und die Bereitschaft zu wechseln, wenn ihnen was nicht passt.

2.2 Das berüchtigte »schwarze Loch« nach der Vertragsunterzeichnung

Unternehmen investieren unglaubliche Mühe und Aufwand in ein Hochglanz-Employer-Branding, eine gut geölte und professionelle »Bewerbungsmaschine«, und umwerben Top-Kandidaten in den Vorstellungsgesprächen und Vertragsverhandlungen. Kurzum: Der ausgewählte Bewerber hat i.d.R. eine gut durchdachte und sehr attraktive Candidate Journey durchlaufen. Und dann?

Versetzen wir uns nun in die Lage eines Mitarbeiters, wenn er sich für den Job im Unternehmen entschieden hat und der Vertrag unterschrieben wurde. Wie geht es jetzt weiter?

Abb. Das Gefühlskarussel des neuen Mitarbeiters

Für HR ist der »Job« erstmal erledigt, das Team und die Führungskraft freuen sich zwar auf den Neuen, aber er ist ja noch nicht da und der Arbeitsalltag hat Priorität. Denn: Je nach Kündigungsfrist dauert es meistens noch einige Wochen, wenn nicht gar Monate bis zum ersten Arbeitstag beim neuen Arbeitgeber. Eigentlich viel Zeit für die Führungskraft, die Einarbeitung zu planen (was dann leider doch oft kurz vor knapp läuft) – aber auch viel Zeit für den Neuen, um es sich nochmal anders zu überlegen. Z.B. weil noch ein interessanteres Angebot reinkommt oder Zweifel an der getroffenen Entscheidung entstehen.

Auch ein Mitarbeiter durchläuft parallel zum Unternehmen die drei zuvor vorgestellten Phasen des Onboardings.

Preboarding

Nachdem der Auswahlprozess, mehrere Gespräche und die Vertragsverhandlungen vorbei sind und nun alles unter Dach und Fach ist, machen sich oft die ersten Zweifel breit:

- »Jetzt muss ich erstmal noch eine Wohnung am neuen Arbeitsort finden.«
- »Was bedeutet der Jobwechsel für mein Privatleben?«
- »Kaum unterschrieben, kommt gerade noch ein anderes lukratives Job-Angebot rein – was jetzt?«
- »Habe ich mich wirklich richtig entschieden?«

Mit solchen oder ähnlichen Fragen ist der vermeintlich neue Mitarbeiter nun beschäftigt. Er fällt in das berühmt-berüchtigte »schwarze Loch«, seinem starken Bedürfnis nach »psychologischer Sicherheit« wird nicht entsprochen.

ERFOLGSFAKTOR PSYCHOLOGISCHE SICHERHEIT

Laut einer Studie von Google ist dies bei weitem der wichtigste Faktor für eine gute Zusammenarbeit im Team. Wenn sich ein (neuer) Mitarbeiter psychologisch sicher fühlt, bedeutet das, dass er sich nicht nur wohl, geschätzt und gut aufgehoben fühlt, sondern sich vor allem so sicher fühlt, dass er auch mal Risiken eingehen kann – und Fehler riskieren! Mit dieser Sicherheit steigen folgende Faktoren:

- Meinungsvielfalt (und deren Äußerung) im Team,
- Team und Unternehmen profitieren von »gesundem Infragestellen«,

- unkonventionelle Ideen,
- ehrliches Feedback,
- Bereitschaft, Fehler einzugestehen.

Wird er in dieser Unsicherheitsphase komplett sich selbst überlassen, kann es gut passieren, dass er seine Entscheidung nochmal überdenkt und vom Vertrag zurücktritt. Das ist natürlich der »Worst Case«. Aber selbst wenn der neue Mitarbeiter (zunächst) bei der Stange bleibt: Ein ungutes Gefühl bleibt, denn der künftige Arbeitgeber hat die Möglichkeit nicht genutzt, in der Preboarding-Phase präsent zu sein und aktiv zu unterstützen! Ein professionelles Onboarding setzt nämlich bereits nach der Vertragsunterschrift an und liefert viele Möglichkeiten, mit dem neuen Kollegen in Kontakt zu bleiben und ihn in seiner Entscheidung für die Firma zu bestärken. Lesen Sie im Kapitel 7.1, welche Möglichkeiten sich hier anbieten.

Die Unsicherheit vor dem ersten Arbeitstag

Gegen Ende der Preboarding-Phase rückt so langsam der erste Arbeitstag näher und selbst wenn der neue Mitarbeiter nach der Vertragsunterzeichnung in irgendeiner Form in Kontakt mit dem neuen Arbeitgeber stand, machen sich so langsam Nervosität und Unbehagen breit:

- »Ich habe schon länger nichts von meinem neuen Arbeitgeber gehört. Wissen die überhaupt, dass ich nächste Woche anfange?«
- »Wann und wo soll ich eigentlich am ersten Tag erscheinen?«
- »Mit wem von HR hatte ich denn die Gespräche? Erkenne ich sie gleich wieder? Bei jedem Gespräch waren andere Kollegen dabei ...«
- »Beim Vorstellungsgespräch waren alle so schick gekleidet, wie soll ich mich am ersten Tag anziehen, gibt es da strenge Vorgaben?«
- »Wo kann ich eigentlich parken, ich habe gar keine Mitarbeiterparkplätze gesehen?«
- »Wie kann ich mich inhaltlich vorbereiten? Was muss ich schon alles an Unternehmenswissen mitbringen?«

Abb. Die Unsicherheit vor dem ersten Arbeitstag

Ein Neuanfang geht immer auch mit Unsicherheit und Ängsten einher. Das Vertraute bleibt zurück und man betritt ein neues Terrain, das man noch nicht abschätzen kann. Jeder geht damit anders um. Bei vielen hält sich daher die Vorfreude auf den neuen Job in Grenzen. Aber das muss nicht sein. Machen Sie es Ihrem neuen Mitarbeiter nicht unnötig schwer und zeigen ihm schon vorher, dass alle ungeduldig auf ihn warten und sich freuen, Verstärkung zu bekommen. Den Bedürfnissen und Wünschen des neuen Mitarbeiters können sie mit diesen Maßnahmen gerecht werden:

- Informieren Sie den neuen Kollegen **spätestens eine Woche** vor Arbeitsantritt persönlich über den Ablauf des ersten Arbeitstages. Um welche Uhrzeit soll er wo erscheinen?

- Versorgen Sie Ihren neuen Mitarbeiter schon vor dem ersten Arbeitstag – am besten häppchenweise – mit unternehmens-, branchen- und produktspezifischen Informationen. Der Mitarbeiter hat das Gefühl, sich adäquat vorbereiten zu können und Sie als Führungskraft haben den Vorteil, dass der Neue schon mit einem Grundstock an Wissen bei Ihnen anfängt. So wird er die ersten Tage nicht so von Informationen erschlagen und letzten Endes schneller produktiv arbeiten.

- Sorgen Sie am ersten Tag für einen gelungenen Start und planen Sie den ersten Arbeitstag minutiös: Holen Sie Ihr neues Teammitglied – wenn möglich persönlich – am Empfang ab und nehmen Sie sich Zeit für ein erstes Gespräch. Idealerweise erzählen Sie ein bisschen was zur Unternehmenshistorie und derzeitigen Geschäftslage sowie zu den anstehenden großen Herausforderungen. Dankbar sind neue Mitarbeiter auch, wenn Sie persönlich kommunizieren – z.B. indem Sie Ihren Hintergrund und Werdegang teilen.
- Am besten sprechen Sie dann direkt den von Ihnen vorbereiteten Einarbeitungsplan durch und übertragen eine erste Aufgabe.
- Darüber hinaus hat es sich bewährt, wenn auch der Pate Zeit für ein erstes ausführliches Gespräch einplant. Der Pate kann dann auch eine kurze erste Führung durch die Räumlichkeiten vornehmen und bei HR vorbeigehen, um ggfs. noch nötige Einstellungsformalitäten zu erledigen und / oder das Welcome-Paket abzuholen. Dann weiß der Neue auch gleich, wer sein Ansprechpartner bei HR ist und wo die Kollegen sitzen.
- Ideal ist es zudem, wenn möglichst viele der Kollegen anwesend sind – und möglichst ein gemeinsames Mittagessen oder eine Kaffeepause eingeplant werden.

Eine digitale Onboarding-Plattform eignet sich hervorragend für die erste Informationsvermittlung. Wenn das Team den Neuen danach herzlich willkommen heißt und sich um ihn kümmert, ist zumindest die oft gefürchtete Hürde des ersten Arbeitstages erfolgreich genommen. Wussten Sie, dass 15% der Mitarbeiter an ihrem ersten Arbeitstag schon an Kündigung denken? Unterschätzen Sie daher nicht, wie wichtig der erste Arbeitstag ist und wie entscheidend er sich vor allem auf die Motivation und Begeisterung in Sachen neuer Job auswirkt!

Die ersten Tage und Wochen
Nun ist der erste Tag geschafft, was kommt jetzt? Die Praxis zeigt uns immer wieder, dass zu diesem Zeitpunkt in vielen Unternehmen das strukturierte Onboarding schon endet. Und das, obwohl es noch gar nicht richtig angefangen hat! Es existiert kein Einarbeitungsplan, es sind keine Maßnahmen zum Kompetenzaufbau geplant, geschweige denn ein Pate

(oder Buddy), der als erster Ansprechpartner für alle auftretenden Fragen dient. Keiner fühlt sich für den Neuen zuständig. Dieser fragt sich:

- »Was kann ich heute tun? Mir ist langweilig.«
- »Haben die keine Onboarding-Plattform mit Infos, die ich mir anschauen könnte?«
- »Wie organisiert sich denn mein Team? Mit wem werde ich enger zusammenarbeiten?«
- »Wer kann mir bei den Abläufen und Prozessen im Bereich helfen?«
- »Wie kann ich mir fehlendes Wissen und Kompetenzen aneignen? Gibt es E-Learnings oder Tutorials? Oder zumindest einen kompetenten Ansprechpartner in HR?«
- »Wann bekomme ich endlich mein erstes eigenes Projekt? So habe ich mir das hier nicht vorgestellt!«

Um besser antizipieren zu können, was genau der neue Mitarbeiter wann an Informationen, Anleitung und Unterstützung braucht, ist es sehr hilfreich, sich die drei psychischen Grundmotive eines jeden Menschen zu vergegenwärtigen:

DIE 3 PSYCHISCHEN GRUNDMOTIVE

Abb. Die drei Grundmotive. Quelle: W. Felser, 2015

Der neue Mitarbeiter sucht natürlich zuallererst **»Anschluss«** im neuen Kollegenkreis und wird sich sehr bemühen, eine gute Beziehung zu der Führungskraft, den direkten Kollegen, weiteren Schlüsselpersonen im Arbeitsbereich und dem Paten aufzubauen. Machen Sie es ihm leicht, seien Sie offen, ehrlich an der Person interessiert und zugewandt. Bauen Sie Brücken und vermitteln Sie eine angenehme Atmosphäre, indem Sie authentisch und menschlich kommunizieren – das beinhaltet auch, durchaus mal das ein oder andere von Ihnen als Privatperson preiszugeben! Vertrauen ist Grundvoraussetzung für die psychologische Sicherheit. Die Existenz und die Einhaltung von gemeinsamen Regeln der Zusammenarbeit (inkl. Feedback- und Eskalationsregeln) ermöglichen erst eine gute, fruchtbare und angstfreie Zusammenarbeit.

Gerade in der ersten Zeit im neuen Job sollte der Neue in Pausen- und Essenszeiten nicht alleine gelassen werden, denn er hat ja noch kein eigenes Netzwerk im Unternehmen! Ideal ist es natürlich, wenn in dieser Phase auch mal ein privates Treffen in lockerer Runde stattfindet, z.B. ein gemeinsames Feierabendbier, ein Besuch auf dem Weihnachtsmarkt, o.Ä.

Das Thema **»Macht«** spielt in der Onboarding-Phase insoweit eine Rolle, als dass es für den Neuen wichtig ist, das Gefühl zu haben, Einfluss auf das Geschehen nehmen zu können. Wird der Einarbeitungsplan mit ihm gemeinsam erörtert und seine Wünsche berücksichtigt? Hat er Ansprechpartner, die immer ein offenes Ohr bei Fragen oder Unsicherheiten haben? Oder wird erwartet, dass er sich alleine »durchwurschtelt«? Liegt es in seiner Macht, Skilldefizite anzusprechen und gemeinsam mit dem Vorgesetzten Möglichkeiten zum Aufbau der nötigen Kompetenzen zu erarbeiten?

Und last but not least: Der motivierte Mitarbeiter hat einen sehr starken Antrieb, sich zu zeigen, **Leistung** zu bringen. Schließlich ist er dafür eingestellt worden und wird dafür bezahlt. Und er hat ein großes Interesse daran, sich so schnell als möglich zu beweisen – und die Kollegen zu entlasten. Denn naturgemäß »kostet« er das Unternehmen ja auch Zeit, nämlich die Zeit, die eine umfassende Einarbeitung nun mal braucht. Häufig ist es aber so, dass der Neue anfangs zwar mit allgemeinen Infos bombardiert wird, er sich wirklich relevante Informationen und benötigtes Wissen aber selber zusammensuchen muss. Die Kollegen lassen ihn nicht selbst machen, sondern allenfalls über die Schulter gucken. Ein fataler Fehler: Es ist viel besser, die Informationen, Schulungen und Anweisungen gut zu dosieren (weniger ist manchmal mehr und bleibt dann auch hängen) und lieber frühzeitig schon erste konkrete Arbeitsaufträge, kleine Projekte oder Aufgaben zu stellen, damit der Neue gleich das Gefühl hat, sich auch wirklich sinnvoll und wertschöpfend einbringen zu können. Und ganz wichtig ist dann auch zeitnahes Feedback in Hinsicht auf die erbrachte Leistung – so weiß der Neue, wo er steht, ob seine Probezeit »gefährdet« ist und wo er sich vielleicht noch mehr reinhängen muss.

Alle diese aus Mitarbeitersicht beschriebenen Erfahrungen gipfeln nicht selten in folgender Konsequenz: **Ich glaube, ich kündige!** Eine Studie[2] belegt: Jeder zehnte Arbeitgeber besteht die »Probezeit beim neuen Mitarbeiter« nicht. D.h. diese kündigen in den ersten 100 Tagen ...

Soweit sollten Sie es nicht kommen lassen. Denn ein enttäuschter Mitarbeiter kann Ihrem Unternehmen mehr schaden als nur durch eine erneut vakante Stelle und Rekrutierungskosten. Das Employer Branding und die Candidate Experience hängen sehr stark zusammen, wie Sie in Kapitel 3 erfahren.

2.3 Die Onboarding Experience des Onboardees

Sie haben die Messlatte in der Regel durch eine konsistente, coole Candidate Experience recht hoch gehängt – denn Sie wollten diesen spezifischen neuen Mitarbeiter ja gerne für das Unternehmen gewinnen. Jetzt müssen Sie – am besten nahtlos – mit einer mindestens ebenso guten Onboarding Experience aufwarten, ansonsten sind Frust und Zweifel an der richtigen Entscheidung seitens des Onboardees programmiert. Für die Gestaltung der optimalen Experience (mehr dazu unter 6.2.4 Onboarding Journey und im Kapitel 7 Exzellentes Onboarding) hilft es enorm, sich in die konkrete Lage eines neuen Kollegen bei Ihnen im Bereich hineinzu-

---
2   Umfrage von softgarden e-recruiting GmbH (2018): Probezeit für Arbeitgeber.

versetzen. Was braucht er? Was hilft ihm, sich schnell zurechtzufinden und heimisch zu fühlen?

DEFINITION ONBOARDING EXPERIENCE

Sie umfasst **alle** Erfahrungen, die der neue Mitarbeiter ab dem Zeitpunkt der mündlichen Vertragszusage mit der neuen Firma sammelt – und zieht sich i.d.R. bis ca. Ende der Probezeit hin. Danach geht die Onboarding Experience in die Employee Experience über.

Diese Aspekte führen zu einer hervorragenden Onboarding Experience:

- **Ein hohes Maß an Verlässlichkeit und Professionalität.** Das zeigt sich als erstes in der zügigen Ausstellung des Anstellungsvertrages – der alle verhandelten Vertragspunkte enthält. Bei Rückfragen zum Vertrag steht dem Neuen ein kompetenter Ansprechpartner zur Verfügung.
  - **Die hohe Erwartungshaltung aus Employer Branding und Recruiting erfüllen.** Das beinhaltet auch, geleistete Versprechen aus dem Recruiting-Prozess, z.B. regelmäßige Informationen bis zum Arbeitseintritt, Einladung zu vents oder Schulungen vor dem ersten Arbeitstag, einzuhalten. Gerade diese beiden Aktivitäten wünschen sich laut einer Studie von metaHR[3] 49% bzw. 34%. Liefern tun jedoch nur wenige Arbeitgeber – dabei wären das Aktivitäten, die wenig Aufwand / Kosten verursachen.

- **Eine wertschätzende Preboarding-Phase gestalten,** in der der Onboardee spürt, dass man an ihn denkt und sich alle auf seinen Arbeitsantritt vorbereiten und freuen.

- **Alle administrativen Vorbereitungen treffen** (interne Onboarding-Prozesse). Das umfasst nicht nur die Bestellung von Hardware (möglichst in Absprache mit den Wünschen des neuen Mitarbeiters), Möbeln und die Einrichtung des Arbeitsplatzes, sondern auch die Einrichtung von Zugängen, einer Mailadresse und die Aufnahme in entsprechende Verteiler, Terminserien, ggfs. Visitenkarten, das Übergeben eines Welcome Packages und eine Willkommensmeldung mit der Vorstellung des Neuen im Intranet etc.

- **Den ersten Arbeitstag zu einem Erlebnis machen.** Vergleichen Sie diesen Tag mit dem ersten Schultag – der Neue ist aufgeregt und be-

---

3 Studie: Candidate Journey von metaHR, 2017.

kommt von allen Seiten jede Menge Input. Reduzieren Sie deshalb auf das wirklich Wichtige, bauen Sie »Erholungsphasen« ein und führen Sie ein abschließendes Gespräch am Ende dieses ersten Tags. Lassen Sie ansonsten bei der Gestaltung dieses Tags Ihrer Vorstellung freien Lauf, aber auf jeden Fall sollten Sie sich Zeit nehmen und den Neuen am ersten Tag nicht alleine lassen. Ein ausführlicher Termin mit dem Vorgesetzten und dem Paten ist gesetzt. Ist es da nicht traurig, dass laut o.g. Studie nur 2/3 aller neuen Mitarbeiter offiziell begrüßt werden?

- **Die fachliche Einarbeitung organisieren.** Versetzen Sie sich in die Lage Ihres neuen Mitarbeiters. Welche Informationen sind am Anfang unerlässlich, damit er erste Arbeitsaufträge einordnen und bearbeiten kann? Welche Internas (Abkürzungen, Kurzeinweisung in unternehmensspezifische IT Systeme, Ablage- und Dokumentationsvorgaben, Organigramm, Firmen-Wiki und Intranet) sollten gleich zu Anfang zur Verfügung gestellt bzw. erläutert werden, damit keine Zeit für unnötige Suche / Fragen draufgeht? Fokussieren Sie sich in den ersten Tagen auf 1 – 2 Aufgaben und arbeiten Sie hier fachlich umfassend ein. Bitte erläutern Sie auch, WARUM Abläufe bei Ihnen so sind – und hören Sie gut zu, wenn spontan Rückmeldungen vom Neuen kommen. Diese sind wertvoll, bekommen Sie doch einen ungeschminkten Blick des Außenstehenden, der gewachsene Strukturen und Workflows hinterfragt. Und vielleicht tolle Ideen einbringen kann.

PRAXIS-TIPP

Übrigens, wenn Sie mit weniger starten, laufen Sie auch weniger Gefahr, den Neuen zu überfordern und außerdem gibt es ihm ein gutes Gefühl, wenn er relativ schnell in einem oder zwei Bereichen schon selbständig arbeiten kann, während er sich weitere Aufgabenbereiche erschließt.

- **Die soziale / kulturelle Integration fördern.** Versetzen Sie sich auch hier in die Position Ihres neuen Mitarbeiters. Wichtig ist für ihn zunächst, einen schlechten Start, Kardinalfehler oder Fettnäpfchen zu vermeiden. Denn ist sowas erstmal passiert, ist es ungleich schwerer, dies wieder auszubügeln, als wenn man noch ein »unbeschriebenes Blatt« ist. Daher: Welche informellen Spielregeln gibt es im Unternehmen? Wie sind die Regeln der Ansprache (Du / Sie / Wer bietet wie an)? Wen und was muss man zwangsläufig kennen, um »mitreden«

zu können? Wie laufen Absprachen zu Arbeitszeit, Homeoffice, Pausen etc.? Hier ist der Pate der wichtigste Akteur und sollte deshalb auch sorgfältig ausgewählt werden (übernimmt die Aufgabe freiwillig; besitzt das richtiges Mindset; hat Spaß an der Aufgabe des Paten; ist achtsam, kommunikativ, gut vernetzt und bereit, sich in die Situation des Neuen hineinzuversetzen). Sollte sich herausstellen, dass die Chemie zwischen Pate und Onboardee nicht stimmt, gewinnt die Onboarding Journey enorm, wenn die Führungskraft aktiv wird und einen neuen Paten benennt. Wie schade, dass eine Erkenntnis der o.g. Studie war, dass 54% der Onboardees KEINEN Paten zugeteilt bekommen … Unabhängig von der Führungskraft und dem Paten tragen aber natürlich auch der Rest des Teams sowie der Onboardee selbst Verantwortung für eine gelungene soziale Integration (siehe auch Kapitel 7.3).

Abb. Die Onboarding Experience

Da eine Onboarding Journey keine Einbahnstraße bzw. »one-size-fits-all« sein kann, gilt es bei der Ausgestaltung folgende Aspekte, die im neuen Mitarbeiter selbst liegen, zu berücksichtigen:

- Wie junior / senior / selbständig / kommunikativ und erfahren im Berufsleben ist der Neue? Das beeinflusst das Maß an Unterstützung, das der Neue braucht.
- Hat der Onboardee bereits Erfahrung mit dem Unternehmen (durch vormalige Beschäftigung, Freunde, Bekannte oder durch vorherige Zusammenarbeit als Kunde, Dienstleister oder freier Mitarbeiter)?
- Welche Skills & Kompetenzen fehlen noch und müssen unbedingt schnell erlernt werden?
- Schließlich ist es natürlich auch enorm wichtig, den Onboardee mit seinen Erwartungen und Zielen abzuholen, um diese in der Einarbeitungsphase mitzuberücksichtigen. Stichwort: Anspruch und Wunsch der neuen Mitarbeiter auf selbstbestimmtes und eigenverantwortliches Handeln.

Eine exzellente Onboarding Journey beschert Ihnen nicht nur motivierte neue Mitarbeiter, die schnell produktiv arbeiten können, sondern auch positive Abstrahleffekte: Glückliche Onboardees äußern sich in der Öffentlichkeit positiv über ihren neuen Arbeitgeber – und werben häufig Freunde und Bekannte für weitere offene Stellen im Unternehmen. So erhöhen Sie Ihre Recruiting-Reichweite!

3 Was bewegt HR und die Organisation?

Viele HR-Abteilungen sind nach Experten aufgeteilt, die für einen bestimmten Bereich zuständig sind: es gibt die Recruiter, die HR-Service-Mitarbeiter, die Personal- und Organisationsentwickler, Consultants etc. Auch wenn jeder Einzelne einen exzellenten Job macht, heißt das noch lange nicht, dass alle Rädchen perfekt ineinandergreifen. So muss das Employer Branding mit dem Recruiting und dem Onboarding Hand in Hand gehen. Das wiederum bildet idealerweise einen fließenden Übergang ins Engagement. Bei dem heutigen Wettbewerbsdruck auf Seiten der Arbeitgeber ist es unerlässlich, den gesamten Mitarbeiter-Life-Cycle und seine Übergänge zu optimieren. Gibt es zwischendrin eine Lücke, kann es sein, dass der Mitarbeiter im wahrsten Sinne des Wortes rausfällt.

Abb. Der Mitarbeiter-Life-Cycle

Deshalb hier ein kleiner Exkurs in die vorgelagerten Prozesse. Hier spielen **Employer Branding** und **Recruiting** die Schlüsselrollen, da sie überhaupt die Voraussetzung für einen Onboarding-Prozess liefern. Kapitel 9 zeigt Ihnen dann, wie Onboarding-Maßnahmen nahtlos ins Engagement übergehen können und somit einen reibungslosen Einstieg in die Personalentwicklung und -bindung als dem Onboarding nachgelagerten Prozess bieten.

3.1 »War for talents« und Employer Branding

Unternehmen müssen immer kreativere und oft sehr kostspielige Wege beschreiten, um auch in Zukunft die qualifiziertesten Talente für sich zu gewinnen. Es gilt, attraktiv für (junge) High Potentials zu sein und diese dann vor allem auch langfristig an das Unternehmen zu binden. Dazu gehört, dass Unternehmen intensiv daran arbeiten, eine positive Arbeitgebermarke zu entwickeln und zu pflegen, um damit sowohl für externe Bewerber als auch für die eigenen Mitarbeiter attraktiv zu sein und zu bleiben. Die Arbeitgebermarke als Alleinstellungsmerkmal ist wichtiger denn je.

Abb. Der Kampf um die besten Talente

Im Wettstreit um die besten Talente müssen Unternehmen ihre Wunschkandidaten regelrecht umwerben, denn diese haben im Zuge des Fachkräftemangels je nach Branche gute Auswahlmöglichkeiten zwischen vielen interessanten Arbeitgebern. Konzerne haben hier im »war for talents« zwar oft Vorteile durch ihren Bekanntheitsgrad. Dennoch sollten sie nicht unterschätzen, wie wichtig es ist, das eigene Unternehmen als attraktiven Arbeitgeber durch **Employer-Branding**-Maßnahmen zu positionieren. Eine beliebte oder bekannte Produktmarke ist noch lange kein Garant für einen attraktiven Arbeitgeber, bei dem man gerne arbeiten möchte.

Hinzu kommt, dass sich die Erwartungen und Bedürfnisse der Bewerber stetig verändern: Sie fragen ganz gezielt nach dem Sinn der Arbeit und haben ein hohes soziales Bewusstsein. Und sie kennen ihren Wert auf dem Arbeitsmarkt genau. New-Work-Modelle und neue, mobile Formate der Wissensvermittlung werden als selbstverständlich erachtet. Arbeitnehmer erwarten regelmäßig neue Herausforderungen bei der Arbeit, Tätigkeiten in Projekten und Möglichkeiten, ihre »Employability« durch neue Lernfelder permanent zu verbessern. Darüber hinaus sieht sich HR mit zunehmend komplexeren Beschäftigungsmodellen wie freier Mitarbeit, Jobsharing, virtuellen / digitalen Arbeitsplätzen, kurzen Projekteinsätzen, spiralförmigen Karrieren usw. konfrontiert.

Daher suchen immer mehr Bewerber, allen voran die stark umworbenen Young Professionals, nach Arbeitgebern, die zu ihren Wertvorstellungen und präferierten Arbeitsweisen passen. Viele Unternehmen reagieren darauf und stellen beim Recruiting gezielt ihre **Unternehmenskultur** transparent dar und suchen nach den dazu passenden Talenten. Umgekehrt wirken sich geeignete Onboarding-Maßnahmen wiederum positiv auf das Employer Branding und Recruiting aus, wie die folgende Abbildung zeigt. Ein Kreislauf, in dem jedes Rädchen ineinandergreift.

Abb. Onboarding unterstützt Recruiting und Employer Branding. Quelle: Haufe Onboarding-Umfrage 2019

3.2 Unternehmenskultur: Was macht das eigene Unternehmen aus?

Die Unternehmenskultur als Teil des Employer Branding (und wichtiger Erfolgsfaktor im Onboarding-Prozess) ist oft immer noch ein immens unterschätzter Hebel! So trägt eine moderne Unternehmenskultur, die auch nach außen kommuniziert wird, stark dazu bei, welche Art von Mitarbeitern sich bei den Unternehmen bewerben und auch längerfristig dabeibleiben. Eine Produktmarke, Umsatzzahlen oder erzielte Marktanteile gegenüber dem Wettbewerb lassen sich recht einfach auf der unternehmenseigenen Website kommunizieren. Aber wie lässt sich die gelebte Unternehmenskultur, die DNA des Unternehmens als Alleinstellungsmerkmal nach außen kommunizieren? Dazu bedarf es zunächst einmal, dass Unternehmen sich mit der eigenen DNA intensiver auseinandersetzen: Wofür steht das Unternehmen? Phrasen wie »flache Hierarchien« oder »offene Kultur« sind da wenig aussagekräftig. Hier gilt es zunächst klar zu definieren, z.B.:

- Wie sieht unsere **Unternehmensidentität** aus, welche Mission, Vision und Ziele verfolgen wir?
- Welche **Werte, Grundsätze und Regeln** gelten im Unternehmen?
- Welchen **Führungsstil** pflegen wir?
- Wie gehen wir mit **Fehlern** oder Misserfolgen um?
- Wie **arbeiten** wir miteinander?
- Wie sieht unsere **Organisationsstruktur** aus?

Meist hat der Cultural Fit (Passung eines Bewerbers zu der vorherrschenden Unternehmenskultur) mit sozialen Kompetenzen und den gelebten Arbeitsweisen zu tun. Sind diese Grundsätze im eigenen Unternehmen definiert, lässt sich dies im Rekrutierungsprozess klar kommunizieren und im Auswahlprozess als Kriterium festlegen.

Hier kann und sollte sich HR als Initiator und Gestalter profilieren – und damit der Organisation einen großen Dienst erweisen!

3.3 Passung zum Unternehmen: Cultural Fit

Es reicht später leider nicht, den Onboarding-Prozess hervorragend zu organisieren – vor allem muss sichergestellt werden, dass zunächst die »richtigen« Mitarbeiter eingestellt werden. Das ist zwar – was die fachliche und soziale Passung der Kandidaten angeht – in erster Linie Sache der Führungskraft und des Teams, aber vorgelagert spielt HR eine enorm wichtige Rolle bei der Positionierung des Unternehmens als Arbeitgeber.

Harmoniert der Kandidat mit seinen Wünschen mit den Wertvorstellungen des eigenen Unternehmens (sog. **»Cultural Fit«**), wirkt sich dies positiv auf seine Leistungen aus, er ist motivierter, produktiver und weniger krank. Ein Mitarbeiter, der sich mit den Werten und der Kultur eines Unternehmens identifiziert, hat zudem eine **hohe Bindung** an das Unternehmen, daher bleibt die Expertise des Mitarbeiters dem Unternehmen längerfristig erhalten.

Passt der Cultural Fit, entstehen dadurch viele Vorteile:

- Es gibt weniger **Bewerber – dafür passgenauere**: Wenn Sie klar kommunizieren, welche Werte in Ihrem Unternehmen gelebt werden, bewerben sich weniger Menschen, die sich damit nicht identifizieren können. Das spart viel administrative Zeit im gesamten Recruiting- und Auswahlprozess.
- Geringere **Kosten**: Wenn Sie schneller die für Sie richtigen Mitarbeiter finden, ersparen Sie sich nicht nur Zeit, sondern auch Kosten. Je unkonkreter Unternehmenskultur und Employer Brand formuliert sind, desto länger dauert meist die Suche nach geeigneten Mitarbeitern.
- Höhere **Produktivität**: Menschen, die sich wohlfühlen, sind fast immer produktiver und engagierter. Ein erfolgreiches Employer Branding kann einen wichtigen Teil dazu beitragen.
- Besseres **Image und Bekanntheit**: Je zufriedener die Mitarbeiter sind, desto eher spricht sich dies herum und zieht hoffentlich weitere Talente an.

Es empfiehlt sich daher, schon beim Recruiting neben den fachlichen Qualifikationen auf die Passung zwischen künftigem Mitarbeiter und den Wertvorstellungen und Arbeitsweisen des Unternehmens zu achten.

ACHTUNG

Subkulturen beachten
Meist gibt es nicht nur die eine Unternehmenskultur – sondern auch Subkulturen pro Team, die durchaus von der Unternehmenskultur abweichen können. So sollte sich jedes Team, das neue Mitglieder sucht, mit der eigenen Teamkultur auseinandersetzen. Es zahlt sich aus, diese den Kandidaten schon im (Team-)Recruiting-Prozess zu vermitteln. Denn ein Kandidat, der nicht ins Team passt, wird selten zur besseren Performance beitragen.

HINWEIS

In Kapitel 4.2 finden Sie konkrete Tipps, um herauszufinden, ob der Kandidat tatsächlich ins Team und ins Unternehmen passt.

3.4 HR als Prozess-Owner und Heber von Optimierungspotenzialen

Beim Thema Onboarding zeigt sich noch viel Luft nach oben, was die Optimierung angeht. Denn professionelles Onboarding wird leider in vielen Unternehmen noch geradezu stiefmütterlich behandelt. Laut einer internationalen Studie von talent lms[4] sind gerade mal 38% mit ihrer Einarbeitung zufrieden. 61% bekommen keinerlei Informationen in Sachen Unternehmenskultur! So die Sicht der Onboardees.

Noch erschreckendere Zahlen zeigen sich auf Seiten der Unternehmen, wie die Haufe Umfrage[5] belegt: 77% der befragten Unternehmen sehen durchaus Verbesserungspotenzial in ihrem derzeitigen Onboarding-Prozess. Sie sind sich also dessen bewusst, dass ihr Onboarding nicht optimal läuft. Dabei ist hier mit vergleichsweise wenig Aufwand unglaublich viel Potenzial durch strukturierte Onboarding-Maßnahmen zu heben. Aber es braucht – was für jedes andere Projekt als selbstverständlich erachtet wird – einen Projektleiter bzw. Prozess-Owner, der den Prozess definiert,

---
4 talent lms 2018, New employee onboarding study.
5 Haufe Onboarding-Umfrage 2019.

steuert und verantwortet! In Kapitel 6 erfahren Sie genauer, warum ein »Onboarding Manager« sehr hilfreich ist und welche Rolle er einnimmt.

Mittlerweile hat ein Großteil der Unternehmen ihre Recruiting-Prozesse weitgehend digitalisiert und standardisiert. Unter anderem auch, weil die Führungskräfte die Professionalisierung der Prozesse eingefordert haben, da der Druck im Markt einfach zu groß war. Aber um mit Onboarding sowohl intern als auch im Employer Branding und Recruiting zu glänzen, bedarf es zwingend der Entwicklung einer passenden, stimmigen und effizienten **Onboarding Journey**. Diese Aufgabe – zumindest die Initiierung, Konzeption, Koordination und Gesamtverantwortung – fällt in den Aufgabenbereich von HR. Hier haben Personaler die Möglichkeit und auch eine große Chance im Hinblick auf HR als Business Partner, einen echten Mehrwert zu generieren und die Organisation von ihrem Beitrag zum Unternehmenserfolg zu überzeugen. Das Konzept des HR Business Partner hat sich laut Dave Ulrich[6] in den letzten 20 Jahren weiterentwickelt: Nämlich von einer Rolle unter vielen hin zum umfassenden Treiber im Personalmanagement beim Schaffen von echtem Unternehmenswert. Infolge der Marktkräfte sind HR-Themen rund um Talentmanagement, Führung und Kultur noch wichtiger geworden. Und somit auch das Onboarding, das alle diese Bereiche direkt beeinflusst.

Trotzdem gibt es immer wieder unterschiedliche Auffassungen, wer für Onboarding im Unternehmen verantwortlich ist. Führungskräfte in den Fachabteilungen sehen diese Aufgabe sehr oft ganz klar bei HR. HR ist der Meinung, dass das eigentliche Onboarding in der Fachabteilung stattfände und eindeutig Führungsaufgabe sei. Beides richtige und durchaus nachvollziehbare Aussagen. Problematisch wird es allerdings dann, wenn keiner die Verantwortung für das Thema insgesamt übernimmt.

Schaut man sich Onboarding einmal mit seinen diversen Touchpoints und vielen Beteiligten im und außerhalb des Unternehmens im Detail an, wird schnell ersichtlich, dass es sich um einen sehr komplexen Prozess handelt, der gemanagt werden muss (siehe Onboarding Journey). Hier

---

6 Interview mit Dave Ulrich, Personalmagazin 7/2017.

sollte HR sich als Gestalter und Heber von Optimierungspotenzialen sehen und die Rolle des Onboarding Managers einnehmen.

FAZIT

Stärkerer Wettbewerbsdruck: »War for talents« noch nicht endgültig gewonnen
- Mitarbeiter kann sich noch umentscheiden
- Mitarbeiter kann frühzeitig abspringen
- 15% der Mitarbeiter denken bereits am ersten Arbeitstag an Kündigung

Integrationsprozesse weder effektiv noch effizient
- Prozesse werden nicht rechtzeitig angestoßen
- Wichtige Aufgaben werden vergessen
- Prozesse werden nicht nachgehalten
- Nicht alle Beteiligten sind in den Prozess involviert

4 Was bewegt die Fachabteilung und das Team?

Die spätere Leistung eines Mitarbeiters wird nicht nur durch eine optimale fachliche Einarbeitung bestimmt, sondern auch entscheidend durch eine **gute Integration** in das bestehende Team und ins Unternehmen. Je besser dieser Prozess vorbereitet und durchgeführt wird, desto schneller wird sich der Mitarbeiter wohlfühlen und so die Grundlage dafür haben, gute Leistungen zu erzielen.

Das übergeordnete Ziel von dem Vorgesetzten und dem Team muss es daher sein, neue Mitarbeiter möglichst schnell in das bestehende soziale Umfeld zu integrieren und tragfähige Bindungen zu schaffen.

Die nachfolgenden Abschnitte in diesem Kapitel zeigen, welche Mittel dabei helfen, diese Teamintegration vorzubereiten und zu fördern.

4.1 Information und klare Zuständigkeiten schaffen Akzeptanz für den Neuen

Werden Stellen in einem bestehenden Team frei, sollte dies möglichst bald allen verbleibenden Teammitgliedern mitgeteilt werden. Vor einer Stellenneubesetzung muss geklärt werden, welches Teammitglied künftig für welche Aufgaben zuständig ist und auch welche Aufgaben der neue Kollege übernehmen soll.

Vielleicht gibt es Begehrlichkeiten von bisherigen Teammitgliedern, die mit interessanten Aufgaben des ausscheidenden Mitarbeiters liebäugeln? Jeder Stellenwechsel bietet zudem auch die Chance, Prozesse und Abläufe neu zu gestalten. Ist die künftige Rollen- und Aufgabenverteilung im Team für alle transparent und nachvollziehbar, werden Missverständnisse und etwaiges Konkurrenzdenken von vorneherein vermieden.

PRAXIS-TIPP
Vorgesetzte können die Aufgaben des ausscheidenden Mitarbeiters für alle verbleibenden Mitarbeiter zu Disposition zu stellen. Gerade vor Neueinstellungen bietet es sich an, dass Vorgesetzte und Team gemeinsam die bisherige Arbeits- und Aufgabenverteilung überprüfen. Wer möchte künftig gerne bei welchen Aufgaben oder Projekten mitarbeiten? Gibt es Aufgaben, die jemand abgeben, dafür aber bei einem anderen Projekt einsteigen möchte? So stellen Vorgesetzte sicher, dass die Mitarbeiter mit ihren Aufgaben zufriedener und motivierter sind.

WICHTIG
Der Vorgesetzte muss den Aufgaben- und Verantwortungsbereich des neuen Mitarbeiters definieren und auch im Team kommunizieren. Klare Zuständigkeiten und Abgrenzungen zu Kollegen und anderen Abteilungen vermeiden spätere Konflikte.

Neue Mitarbeiter sollten von allen als Bereicherung und Entlastung des Teams wahrgenommen werden. Mit einer positiven Grundstimmung dem Neuen gegenüber legt der Vorgesetzte schon lange vor dem eigentlichen Arbeitsantritt des neuen Mitarbeiters die Basis für dessen spätere Akzeptanz. Denn zweifellos hängt es stark vom guten Willen und der Unterstützung der Kollegen ab, ob und wie schnell der Neue eingegliedert wird.

Auch beim Bewerber selbst kann das Unternehmen mit frühen Informationen und klaren Vorstellungen vom späteren Einarbeitungsprozess punkten: Er bekommt damit schon in den Vorstellungsgesprächen einen Einblick in die spätere Arbeitsweise und in die Unternehmenskultur. Es kann nicht genug betont werden, wie wichtig hier Transparenz und eine realistische Darstellung von Job und Unternehmen ist, denn nichts ist ärgerlicher, als dass falsche Erwartungen geweckt werden und der neue Mitarbeiter desillusioniert das »Handtuch wirft«!

4.2 Welcher Bewerber passt ins Team?

Beim Recruiting legen HR und Vorgesetzter in der Regel viel Augenmerk auf die fachlichen Fähigkeiten eines Bewerbers. Aber neben den fachlichen Fähigkeiten ist auch die Passung ins bestehende Team wichtig: Denn je besser der neue Bewerber ins Team passt, desto besser werden später auch seine Leistungen sein.

Aber wie lässt sich dies in der Praxis ermitteln? Dabei steht ganz schlicht das persönliche Gespräch im Vordergrund: Schon im Vorstellungsgespräch können Führungskräfte und Recruiter konkret nach der Arbeitsweise, persönlichem Arbeitsstil und Teamfähigkeit fragen, um herauszufinden, wie der Bewerber »tickt«. Passt dies zum bestehenden Team, ist es wahrscheinlich, dass sich ein neuer Kollege leicht integriert und das Team später konstruktiv und mit Freude zusammenarbeitet.

Ein gut strukturierter Planer, der die Dinge perfektionistisch mit Liebe zum Detail umsetzt, wird in einem Unternehmen, das Dinge auch gerne schnell mal »ausprobiert«, eher nicht glücklich.

Weitere Anhaltspunkte fürs Recruiting können sein:

- Welche Werte und Arbeitsweisen sind dem Kandidaten wichtig und warum?
- Passt dies zu den Werten und Arbeitsweisen des Unternehmens?
- Findet er dies im potenziellen Team wieder?

PRAXIS-BEISPIEL

Wird beispielsweise hauptsächlich im Team gearbeitet, dann können Sie fragen, ob der Bewerber Aufgaben delegieren bzw. abgeben kann und will oder lieber selbst die Fäden in der Hand hält. Arbeitet er lieber eigenverantwortlich und ist eher ein »Macher-Typ« oder benötigt er jemanden, der ihm den Weg weist?

Es gilt also zu prüfen, wie das Team zusammenarbeitet, kommuniziert, Entscheidungen trifft und mit Herausforderungen umgeht. Und im nächsten Schritt zu prüfen, ob dies zum Kandidaten passt. Haben Arbeitgeber und Bewerber z.B. bei Arbeitsweisen oder Verhalten gegenüber

Kollegen und Kunden schon im Vorstellungsgespräch sehr unterschiedliche Vorstellungen, ist der Cultural Fit eher gering und das Team sollte lieber auf diesen Kandidaten verzichten.

4.3 Teamrecruiting: Team in die (End-) Auswahl einbeziehen

Um schon frühzeitig ein erstes Gefühl für den zwischenmenschlichen Bereich zu bekommen, ist es sinnvoll, die Teammitglieder in die (End-) Auswahl des künftigen Kollegen einzubeziehen.

Bei einem ersten Kennenlerngespräch der aussichtsreichsten Kandidaten mit dem Team kann der neue Kollege schon seinen zukünftigen Arbeitsplatz besichtigen und gleichzeitig das Team kennenlernen.

Das Team kann mit diesen auserkorenen Kandidaten z.B. im Anschluss an dessen Vorstellungsgespräch noch gemeinsam zum Kaffeetrinken gehen, um sich in ungezwungener Atmosphäre (ohne Chef) auszutauschen. Das Feedback des Teams ist später auch für den Vorgesetzten eine wichtige Hilfestellung für die Jobvergabe. Das Team sollte zumindest ein Vetorecht haben, um Kandidaten auch ablehnen zu können. Die Führungskraft muss diese Entscheidung dann auch akzeptieren.

Abb. Das Team lernt den Kandidaten kennen

PRAXIS-TIPP

Es hat sich bewährt, dass der Vorgesetzte und HR weiterhin die Vorselektion übernehmen und dem Team z.B. im Anschluss an das geführte Vorstellungsgespräch nur die aussichtsreichsten Kandidaten vorstellen. So ist eher gewährleistet, dass die Kandidaten objektiv und professionell ausgewählt werden und auch Heterogenität und Diversität im Team eine Chance haben. Denn ist ausschließlich das Team für das Recruiting verantwortlich, steigt die Gefahr, dass das Team bei der Bewerberauswahl Eigeninteressen in den Vordergrund stellt.

Wenn die Teammitglieder bei der Auswahl für den besten Kandidaten beteiligt werden, sind sie später eher bereit, ihn in seiner Einarbeitungsphase aktiv zu unterstützen und zu integrieren. Zudem können sich beide Seiten schon vorab kennenlernen und prüfen, ob die Chemie passt. Dies ist für beide Seiten von unschätzbarem Wert!

4.4 Den richtigen Paten als Starthelfer auswählen

Die soziale Integration lässt sich von der Führungskraft nur schwer befehlen, hier ist meist das Team gefragt. Dabei haben sich Paten sehr bewährt, die den Neuen in der Anfangsphase als Starthelfer zur Seite stehen. Dieser Pate fungiert als **Ansprechpartner** des neuen Kollegen und spielt neben der fachlichen Einarbeitung auch als »sozialer Kümmerer« eine sehr wichtige Rolle. Er sollte dem neuen Kollegen bei allen Fragen bis zum Ende der Einarbeitung zur Seite stehen. Der neue Kollege hat damit immer einen festen Ansprechpartner und nicht das Gefühl, mit Fragen »zu stören«.

Erfolgversprechend ist das Gespann »Pate-neuer Mitarbeiter« dann, wenn der Pate selbst Lust hat, diese Aufgabe mit Leben zu füllen, und die »Chemie« zwischen den beiden stimmt! Im Optimalfall ist dies ein erfahrener Kollege, den bestenfalls ähnliche Aufgaben, beruflicher Werdegang und Alter mit dem Neuen verbindet und der diese Eigenschaften mitbringt:

- Unternehmerisches Denken,
- Loyalität gegenüber der Firma,
- Begeisterungsfähigkeit,
- er sollte kommunikativ und gut vernetzt sein und
- Einfühlungsvermögen besitzen.

Bei der Auswahl des Paten ist Fingerspitzengefühl gefragt: Nicht jeder Kollege eignet sich für so eine verantwortungsvolle Aufgabe!

Abb. Der Pate als Starthelfer

HINWEIS

Die konkreten Aufgaben eines Paten werden im Kapitel 7.3.2 detailliert beschrieben.

4.5 Soziale Integration ist auch Führungsaufgabe

Da der Vorgesetzte in der Regel die erste Bezugsperson im neuen Team ist, kann er schon während der Preboarding-Phase die Vernetzung des neuen Mitarbeiters anbahnen und unterstützen:

- Einladungen zu Teamevents oder Weiterbildungen aussprechen, die vor dem eigentlichen Arbeitsantritt stattfinden.
- Kontakte zum Team in den sozialen Netzwerken (Facebook, Xing, LinkedIn) oder in internen sozialen Netzwerken vor dem eigentlichen Arbeitsantritt vermitteln.
- Jederzeit für den Neuen ansprechbar und erreichbar sein.

Auch nach dem offiziellen Start spielt die Führungskraft bei der Integration eines neuen Mitarbeiters eine wichtige Rolle und kann diese aktiv fördern. Führungskräfte sind angehalten zu prüfen, ob sich der neue Mitarbeiter im Team wohlfühlt (z.B. durch Nachfragen) und sollten entsprechende Hilfe anbieten oder Helfer aus dem Team einbinden.

Zwar überträgt der Vorgesetzte die tatsächliche Einarbeitung weitgehend an geeignete Mitarbeiter. Nicht delegierbar – jedenfalls nicht zur Gänze – sind aber Führungsaufgaben wie

- die **Planung der Einarbeitung,**
- **Motivierende Gespräche** mit dem neuen Mitarbeiter,
- **Zielvereinbarung** und **-kontrolle**,
- **Beurteilung** und **Feedback**.

Mitarbeiter bringen bekanntlich »frischen Wind« und neue Ideen mit in das Unternehmen. Führungskräfte sollten die neuen Mitarbeiter dazu ermuntern, diese Anfangskreativität für das Unternehmen einzusetzen. Das zeigt dem neuen Kollegen, dass seine Meinung geschätzt und anerkannt wird.

Damit sich ein neuer Mitarbeiter im Unternehmen wohlfühlt, ist es wichtig, dass er möglichst rasch das ganze Unternehmen kennenlernt. Auch hier spielen die Führungskraft, HR und der Pate bei der Kontaktvermittlung eine wichtige Rolle, damit er zügig die wichtigsten Kontaktpersonen in anderen Abteilungen kennenlernt und abteilungsübergreifende **Netzwerke** aufbauen kann.

PRAXIS-TIPP

Ein gemeinsames **Teamevent** während der Einarbeitungszeit stärkt das Zusammengehörigkeitsgefühl und bietet dem gesamten Team die Möglichkeit, sich außerhalb der Arbeitszeit besser kennenzulernen. Wählen Sie bewusst ein Event außerhalb des Unternehmensalltags, verbunden mit einer Aktivität, an der alle Teammitglieder teilnehmen und Spaß haben können.

4.6 Fachliche Einarbeitung: Schnelles Erreichen der Zielperformance

Bevor der neue Kollege eigenverantwortlich seine Aufgaben erledigen und damit sein Team unterstützen kann, muss er fachlich fundiert eingearbeitet werden.

Das A und O: Der Einarbeitungsplan

In der Probezeit ist es daher wichtig, dass der neue Mitarbeiter das Know-how und die Kompetenzen aufbaut, die er benötigt, damit er seine Aufgaben erledigen und möglichst schnell produktiv mitarbeiten kann.

Bei dieser Aufgabe unterstützt ein **individueller Einarbeitungsplan**, der vorab in Zusammenarbeit mit dem Vorgesetzten und dem Team erstellt wird. Alle notwendigen Einarbeitungsschritte, Qualifizierungen und Prozesse sind darin beschrieben und auf die künftigen Aufgaben des neuen Mitarbeiters zugeschnitten.

HINWEIS

Im Kapitel 7.3 sind alle notwendigen Punkte eines Einarbeitungsplans detailliert beschrieben.

Die Planung der Einarbeitung ist eine wesentliche Führungsaufgabe, aber auch das gesamte Team sollte dabei helfen, den Einarbeitungsplan zu entwickeln.

Zudem werden die übrigen Mitarbeiter optimalerweise in die Einarbeitung eingebunden und helfen dem Neuen vor allem bei aufkommenden Fragen weiter, insbesondere der ausgewählte Pate.

Damit der neue Mitarbeiter schon gleich an eigenen Aufgaben arbeiten kann, sollte der Vorgesetzte mit dem Team geeignete erste Kleinprojekte und Arbeitsaufgaben für dessen Anfangszeit zusammenstellen.

Teilen sich die Teamkollegen die Einarbeitung des neuen Kollegen, bekommen sie i.d.R. einen umfassenderen Gesamtblick auf die Einarbeitungsfortschritte des neuen Kollegen.

PRAXIS-TIPP

Stellen Sie sicher, dass der neue Mitarbeiter ab dem ersten Tag mit eigenen Aufgaben versorgt ist und aktiv mitarbeitet. Wenn Sie das Team hierzu einbinden, sichern Sie gleichzeitig deren Unterstützung und Hilfsbereitschaft für den neuen Kollegen.

Unternehmensinformationen zusammenstellen

Machen Sie sich Gedanken darüber, was der neue Kollege über das Gesamtunternehmen (Struktur, Organisation, Organigramm, Unternehmensziele, Führungsleitlinien, betriebliche Umgangsformen, Arbeitsstil etc.) wissen muss. Diese Informationen sollten dem Mitarbeiter via Intranetlinks, Onboarding-Plattform, Begrüßungsmappe, o.Ä. bereitgestellt werden und auch in einem der Mitarbeitergespräche kommuniziert werden. Auch über die Produkte und Dienstleistungen muss der neue Kollege umfassend informiert werden.

Fachliche Infoveranstaltungen

Bewährt haben sich fachliche Informationsveranstaltungen für neue Kollegen, z. B in Form von Knowledge Cafés: Verschiedene Abteilungen berichten parallel an einzelnen Stationen, die man durchläuft, kurz über ihre jeweiligen Projekte. So bekommt der Neue ein Gefühl dafür, was alles »läuft« und knüpft erste Kontakte, welche er bei weiterführendem Interesse selbständig ausbauen kann. Tiefergehende Informationen über die Produkte bzw. Dienstleistungen des Unternehmens sind selbstverständlich.

Wie unterstützt die Führungskraft die fachliche Einarbeitung?

Die Führungskraft kann die fachliche Integration entscheidend unterstützen und vorantreiben:

- Klären Sie mit dem neuen Mitarbeiter frühzeitig seinen **Verantwortungsbereich** und den ihm zustehenden **Handlungsspielraum** ab. Klare Zuständigkeiten vermeiden Kompetenzüberschreitungen und der neue Mitarbeiter weiß, für welche Aufgaben er verantwortlich ist.

- **Regelmäßige Gespräche und Feedback:** In den regelmäßigen Mitarbeitergesprächen während der Probezeit stellt die Führungskraft die Weichen für die künftige Leistung des Mitarbeiters. Hier vereinbart der

Vorgesetzte mit dem Mitarbeiter künftige Aufgaben und Ziele und bespricht die bisherigen Arbeitsergebnisse. Auch weitere Entwicklungsmaßnahmen und Konfliktpunkte werden in regelmäßigen Gesprächen geklärt. Sie geben der Führungskraft die Möglichkeit, die Integration des neuen Mitarbeiters als Starthelfer und Coach zu begleiten und zu prüfen, ob die vereinbarten Ziele und benötigten Kompetenzen auch wirklich erreicht wurden. Später dienen diese Meilensteingespräche auch als Basis für die Übernahmeentscheidung.

- **Schulungsmaßnahmen vereinbaren:** Unternehmensspezifische Software oder Systeme erfordern meistens fachliche Schulungen bei neuen Mitarbeitern. Organisieren und vereinbaren Sie schon vor Eintritt des neuen Mitarbeiters zielgerichtete Maßnahmen. Evtl. lassen sich mehrere neue Mitarbeiter in einer Schulung zusammenfassen. Diese Termine können bereits im Einarbeitungsplan terminiert werden. Das erzeugt beim Onboardee Sicherheit und drückt auch ein hohes Maß an Wertschätzung seitens des Unternehmens aus.

- **Lernziele festlegen und überprüfen:** Der Ablauf und die Lernziele der ersten Einführungsmonate werden im Einarbeitungsplan festgelegt und mit dem Mitarbeiter besprochen. Bei Nicht-Erreichen bestimmter Lernziele kann dadurch besser nach den Ursachen geforscht und konstruktive Lösungen entwickelt werden, um die Lernziele bis zur Beendigung der Probezeit zu erreichen. Nur so kann eine fundierte Übernahmeentscheidung getroffen werden.

PRAXIS-TIPP

Stellen Sie durch eindeutige Informationen sicher, dass der neue Mitarbeiter sich ausreichend informiert und damit sicher fühlt. Ermuntern Sie den neuen Mitarbeiter, auch selbst die Initiative zu ergreifen und sich aktiv um seine Qualifikation und Integration zu kümmern.

Damit Vorgesetzte stets auf dem Laufenden sind, was den Stand der Einarbeitung des neuen Mitarbeiters betrifft, sollte die Führungskraft auch regelmäßige **Feedbackgespräche mit dem Paten** und weiteren Mitgliedern des Teams, die mit Einarbeitungsaufgaben betraut sind, einplanen. So bekommt er zeitnah mit, wenn es irgendwo hakt. Denn je schneller

Schwierigkeiten aus dem Weg geräumt werden, desto weniger werden sie zum Problem.

Das Ziel der fachlichen Einarbeitung ist erreicht, wenn der neue Mitarbeiter rasch und effizient in seinem neuen Arbeitsumfeld mitarbeiten kann.

HINWEIS

Im Kapitel 7.3 finden Sie einen umfangreichen Maßnahmenkatalog für die fachliche Integration. Er gibt wertvolle Anregungen, um das Potenzial zu nutzen, das Ihnen Onboarding bietet.

5 Was Onboarding für Ihre Unternehmensziele leistet

Laut einer Umfrage[7] sehen fast alle Unternehmen den Nutzen eines professionellen Onboardings in einer verbesserten und beschleunigten fachlichen (91%) sowie sozialen Integration (94%) eines Neuzugangs. Dafür lohnt es sich, die Unternehmensziele genauer anzuschauen, die mit Onboarding erreicht oder gesteigert werden können.

Onboarding-Maßnahmen gibt es in irgendeiner Form in nahezu jedem Unternehmen. Jeder versteht jedoch darunter etwas anderes. Die einen meinen mit Onboarding schon, dass der neue Mitarbeiter einen mehr oder weniger eingerichteten Arbeitsplatz vorfindet, wenn er kommt. Immerhin! Aber ein noch viel zu kleiner Teil betrachtet Onboarding als ganzheitlichen Prozess innerhalb der Wertschöpfungskette, der enorme Auswirkungen auf den Unternehmenserfolg hat. Da die Vorteile eines Invests nicht sofort auf der Hand liegen, wie etwa bei einem Zukauf einer Maschine in der Produktion, bedarf es in vielen Unternehmen erst mal Überzeugungsarbeit.

---

7   Haufe Onboarding-Umfrage 2019.

Abb. Was Onboarding für die Unternehmensziele leistet

5.1 Wie Sie den CEO / CFO überzeugen

In der heutigen Unternehmenslandschaft wimmelt es nur so von unterschiedlichen Projekten. Für jedes Projekt gibt es ein Kick-off, einen Zeitplan, einen Projektverantwortlichen und letztendlich auch ein Budget, das es einzuhalten und zu berichten gilt. Kennen wir doch alle die Zielvorgaben »in time, in quality and in budget«. Dies begegnet uns in allen Wertschöpfungsbereichen eines Unternehmens. Warum nicht auch beim Onboarding(-Prozess)?

Erstaunlich ist, dass bei einer Umfrage[8] ganze 88% der Teilnehmer kein Budget für Onboarding-Maßnahmen in ihrem Unternehmen zur Verfügung haben. Im Jahr 2018 waren sogar 94% ohne Budget! Kein Wunder also, dass Onboarding oft nur als Einzelmaßnahme verstanden wird, die auf irgendeiner allgemeinen Kostenstelle oder der Fachabteilung untergebracht werden muss.

---

8   Haufe Onboarding-Umfrage 2019.

88%
haben kein Budget für ihren Onboardingprozess

Abb. Oft ist kein Onboarding-Budget vorhanden. Quelle: Haufe Onboarding-Umfrage 2019

»HR muss mehr Business denken«

In den meisten HR-Abteilungen gibt es also kein Budget für Onboarding-Aktivitäten und folglich auch keine Ressourcen. Aber was hindert HR eigentlich daran, danach zu fragen und (wie andere Prozess-Owner auch) den CEO davon zu überzeugen, dass es sich lohnt, in Onboarding zu investieren und es professionell aufzuziehen?

Hier kommt wieder der ständig diskutierte und leider immer noch wenig sichtbare HR Business Partner ins Spiel. Eine resignierte Zurückhaltung führt jedoch nicht zum Budget und letztendlich auch nicht zur Steigerung des Unternehmenserfolgs und des ewig beklagten schlechten Images von HR-Abteilungen.

Kenner dieses alten Dilemmas fordern HR deshalb auf, mit Selbstbewusstsein und Selbstvertrauen das benötigte Budget einzufordern, aus Businesssicht heraus zu argumentieren und mit Fakten zu überzeugen. Jede Personalanforderung aus den Fachbereichen wird mit einem Mehr an Produktivität, Innovation, Umsatzsteigerung etc. begründet. Der Recruiting-Bereich ist dann lediglich das ausführende Organ für die Personalbeschaffung. Wird kein passender Kandidat in der vorgegebenen Zeit gefunden, geht die Schuldzuweisung an HR, warum es mal wieder so lange dauert, bis eine vakante Stelle erfolgreich besetzt wird.

Abb. HR braucht mehr »Business-Denken«

Warum den Spieß nicht umdrehen und aus der Opferrolle heraustreten: Beim Onboarding kann sich HR profilieren und neue Maßstäbe setzen. Zeigen, wie ein digitalisierter Recruiting-Prozess nahtlos in einen perfekten Onboarding-Prozess übergeht und was dies für messbare und nachhaltige Auswirkungen auf den Unternehmenserfolg hat.

Argumente für einen strukturierten ganzheitlichen Onboarding-Prozess

1. Synergien heben: Onboarding ist sehr komplex und hat viele Mitspieler

Für viele Unternehmen ist Onboarding immer noch eine Blackbox. Es gibt keine abteilungsübergreifenden Informationen über Stand, Fortschritt und Qualität des eigentlichen Onboardings. Der größte Teil der Einarbeitung wird in den Fachbereichen vollzogen und verläuft je Abteilung als Silo-Lösung und extrem unterschiedlich. HR hat folglich keinen Überblick, wo es gut bzw. schlecht läuft. Synergien und lessons learned bleiben ungenutzt. Ein transparenter Prozess zeigt, wer was wann und wie erledigt. Best-Practice-Beispiele liefern hier schlagkräftige Argumente. Denn nicht jede Abteilung muss das Rad neu erfinden. Bei Transparenz wird sichtbar, in welchen Abteilungen Mitarbeiter schnell wieder das Unternehmen verlassen oder schon vor dem ersten Arbeitstag wieder abspringen. Werden sie nicht von Anfang an gut integriert, brauchen Onboardees sehr lange, um ein gutes Leistungsniveau zu erreichen. Das alles resultiert in sehr hohen Kosten und schlimmstenfalls leidet die gesamte Teamperformance darunter.

2. Fachkräftemangel kompensieren: Frühfluktuation vermeiden

Die meisten Unternehmen haben mittlerweile einen sehr professionellen und strukturierten Bewerbermanagement-Prozess. Zukünftige Highpotentials werden während des Recruiting-Prozesses umworben und konsequent mit relevanten Informationen versorgt. Experten wissen, dass die damit erzeugte Erwartungshaltung beim Neueinsteiger dann aber auch nach der Vertragsunterzeichnung aufrechterhalten, wenn nicht gar gesteigert werden muss. Sonst sind Enttäuschung, Frustration und Demotivation die Folgen. Onboarding bietet die perfekte Möglichkeit, sich im »war for talents« abzuheben, dem allgegenwärtigen Fachkräftemangel entgegenzuwirken und Mitarbeiter von Beginn an, nämlich ab der Vertragsunterschrift, langfristig an das Unternehmen zu binden. Wird aufwendig rekrutiert und nicht gut eingearbeitet, geht die Suche nach einem neuen Kandidaten sofort wieder los.

3. Digitalisierung ist auch beim Onboarding wertsteigernd

Bewerbermanagement-Prozesse sind mittlerweile weitestgehend digitalisiert. Logische Konsequenz im Sinne eines ganzheitlich optimierten Mitarbeiter-Life-Cycles ist der nahtlose Übergang in den sich direkt anschließenden Prozess, dem Onboarding. Aber: Noch erledigen 88% der befragten Unternehmen[9] die vielfältigen und kleinteiligen Aufgaben analog und setzen dabei nicht auf eine digitale Prozessunterstützung, z.B. durch Onboarding-Software oder eine App. Gerade bei den administrativen Vorbereitungen (siehe hierzu Kapitel 7), den häufig benötigten Absprachen (die einen hohen Aufwand bedeuten) oder dem Einarbeitungs-

---
9   Haufe Onboarding-Umfrage 2019.

plan ließen sich durch ein digital gesteuertes Aufgabenmanagement und übersichtliche Prozesse viel Zeit sparen. Selbst in der Kommunikation mit dem Onboardee verlaufen heutige Onboarding-Szenarien meist nur in Nuancen digital, eine ganzheitlich digitale Betrachtungsweise erfolgt nur in den allerwenigsten Fällen, wie die Befragung eindrücklich gezeigt hat. Dem gegenüber steht eine stetig wachsende Anzahl an Digital Natives als potentielle Mitarbeiter, die digitale Lösungen schlicht und ergreifend erwarten. Ganz abgesehen von den Kosteneinsparungen, wie wir im nächsten Abschnitt sehen werden.

4. Administrative Entlastung senkt Kosten
Durch Automatisierung und Digitalisierung (z.B. digitale Personalakte) steht die Ressourcenplanung in HR ständig auf dem Prüfstand. Die Personaldecke schrumpft auch hier. Gleichzeitig werden HR aber neue Aufgaben zugeordnet, die mit geringerer Manpower erledigt werden sollen. Durch die ganzheitliche Onboarding-Betrachtung wird nicht nur eine administrative Entlastung bei HR geschaffen, sondern ebenfalls die Einarbeitungskosten in den Fachabteilungen deutlich reduziert.

5. Zügige Einführung liefert Quick Wins
Onboarding gilt als extrem vielfältig und sehr individuell auf Abteilungs- oder Teamebene, weshalb häufig einer ganzheitlichen Neugestaltung aus dem Weg gegangen wird. Neben dem Thema selbst spielen Process Ownership, verschiedenste Stakeholder und der Neubeginn auf »der grünen Wiese« entscheidende Rollen. Oft gibt es auch Schwierigkeiten, Onboarding thematisch einzuordnen und ganzheitlich zu betrachten. Dabei liefert ein strukturiertes Onboarding direkte Erträge: Die neuen Mitarbeiter werden schneller produktiv. Viele Unternehmen sind daher gut beraten, sich unvoreingenommene Hilfe bei Experten zu holen. Dies hat den Vorteil, dass sowohl die Einführung einer Onboarding-Software als auch die dahinterliegende Philosophie, der Projektansatz und Onboarding-Inhalte gemeinsam mit Profis schneller erarbeitet werden und somit eine neutralere und konfliktfreiere Sichtweise gewährleistet ist. Manchmal sieht man im eigenen Unternehmen ja bekanntlich den Wald vor lauter Bäumen nicht.

6. Onboarding zahlt auf die Unternehmenskultur ein
Ein gut strukturiertes und ganzheitlich gedachtes Onboarding, welches sämtliche Onboarding-Dimensionen abdeckt, bleibt bei neuen Mitarbeitern in Erinnerung und entlastet die einarbeitenden Teamkollegen. Positive Erfahrungen, z.B. mit der Ausspielung zielgerichteter Informationen in der Preboarding-Phase, sowie ein schneller Anschluss an die Organisation und damit die Möglichkeit in einem vergleichsweise kurzen Zeitraum bereits produktiv im neuen Tätigkeitsfeld mitwirken zu können, werden bei neuen Mitarbeitern gedanklich verankert.

5.2 Durch KPIs wird Onboarding transparent und messbar

Key Performance Indicators (KPIs) sind für Unternehmen wichtige Instrumente der Erfolgsmessung. Auch beim Onboarding liefern sie allen Stakeholdern wichtige Signale. Ein offenes Geheimnis ist jedoch, dass HR-Mitarbeiter mit KPIs eher auf Kriegsfuß stehen, als dass sie sich dazu berufen fühlen, aussagekräftige KPIs zu definieren und dann auch zu erheben. Ihre Arbeit ist damit schwer messbar und ein Budget oft nicht zu rechtfertigen. Hört man doch immer wieder, »man arbeite schließlich bei HR, weil man mit Menschen und nicht mit Zahlen zu tun haben will.« Somit ist das folgende Ergebnis aus der Umfrage[10] nicht verwunderlich: Ganze zwei Drittel der befragten Personaler erheben im Bereich Onboarding keinerlei Kennzahlen und werten somit die Erfolge (oder Misserfolge) ihrer Onboarding-Maßnahmen überhaupt nicht aus!

---

10 Haufe Onboarding-Umfrage 2019.

Welche Kennzahlen erheben Sie, um den Erfolg Ihrer Onboardingmaßnahmen zu messen?

- Quality of hire: 8 %
- Frühfluktuationsquote: 24 %
- Time to fully operative: 7 %
- Time to environmentally operative: 3 %
- Cultural Fit: 9 %
- Quote der Schulungsmaßnahmen in der Probezeit: 6 %
- Anzahl der Vier-Augen-Gespräche: 13 %
- Sonstiges: 2 %
- Keine: 66 %

66 % erheben keine Kennzahlen!

Abb. Kennzahlen zu wenig verbreitet. Quelle: Haufe Onboarding-Umfrage 2019

Dabei scheinen die Frühfluktuationsquote (24%) und die Anzahl der Vier-Augen-Gespräche (13%) die noch verbreitetsten Kennzahlen zu sein. Nur wenige Unternehmen erheben z.B. die Qualität der eingestellten Kandidaten (quality of hire) (8%), den Cultural Fit (9%) oder die Dauer bis zur vollständigen Leistungsfähigkeit (time to fully operative) (7%). Hier stellt sich die Frage, ob diese Kennzahlen bekannt genug sind oder hier noch Aufklärungsarbeit nötig ist. Diese geringe Verbreitung ist besorgniserregend und zeigt, dass HR noch weit entfernt ist von dem Appell »HR muss mehr Business denken«, um den CEO mit Zahlen und Fakten zu überzeugen. Um hier Fortschritte zu machen, ist es dringend ratsam, dass HR seinem CEO überzeugende Argumente liefert, was es dem Unternehmen ganz konkret bringt, in Onboarding-Maßnahmen zu investieren. Und was kann für einen CEO oder CFO überzeugender sein als eindeutige und nachvollziehbare Zahlen?

Nun liegen im Bereich Onboarding die Kennzahlen nicht so offensichtlich auf der Hand wie in anderen Unternehmensbereichen. Im Recruiting ist es beispielsweise vergleichbar einfach, KPIs zu definieren und diese als Bewertungsgrundlage für eine erfolgreiche Arbeit einzusetzen. Was kostet z.B. eine Anzeige auf Plattform XY oder wie lange dauert es vom Stellenantrag bis zur Besetzung etc. Im Onboarding sind die Kennzahlen weniger stark vorbestimmt.

Und gerade deshalb ist es enorm wichtig, die zum eigenen Unternehmen passenden Onboarding KPIs festzulegen und konsequent zu messen. Nur dann lässt sich effektiv gegensteuern, wenn sich Prozesse nicht wie gewünscht entwickeln. Ein Indikator könnte z.B. eine erhöhte Anfangsfluktuation in den ersten sechs Beschäftigungsmonaten in einer bestimmten Abteilung sein. Gründe dafür kann es viele geben. Meist ist der Messwert allein noch nicht aussagekräftig. Die zeitliche Entwicklung und Vergleichszahlen lassen dann Rückschlüsse auf bestimmte notwendige Handlungen zu. Zunächst bietet sich erst einmal ein konkreter Anlass, genauer hinzuschauen, an was dies liegen könnte, dass es gerade dort vermehrt zu Austritten während der Probezeit kommt. Onboarding KPIs liefern wichtige Anhaltspunkte dafür, wo es im Onboarding-Prozess noch nicht gut läuft und zeigen mögliche Stellschrauben auf. Sie lassen sich erst dann verstehen, wenn sie in Bezug gesetzt werden zu speziellen Maßnahmen oder Situationen.

Ganz klar: Onboarding KPIs sind individuell und müssen zum Unternehmen und den Onboarding-Zielen passen. So gibt es Unternehmen, welche sich darauf beschränken, die erfolgreiche Abarbeitung des Einarbeitungsplans zu überwachen, und damit sehr erfolgreich sind! Oder andere, welche konsequent die neuen Mitarbeiter, betroffene Teams und Vorgesetzte befragen und andere, die lediglich die Frühfluktuationsquote messen. Welche Daten für den unternehmenseigenen Onboarding-Prozess wichtig sind, ist unterschiedlich. Wichtig ist allerdings, dass die definierten Onboarding KPIs regelmäßig in einem Reporting festgehalten werden. Denn nur so gibt es Vergleichswerte, die Verbesserungspotenziale aufzeigen oder erreichte Erfolge sichtbar machen.

5.2.1 Mit einem strukturierten Onboarding-Prozess die richtigen KPIs definieren

Ein strukturierter Onboarding-Prozess macht die Erfolgsmessung wesentlich einfacher. Denn wenn man Onboarding-Maßnahmen mit konkreten Zahlen unterlegt, kann man Vergleiche anstellen und anhand der Daten Verbesserungen oder Verschlechterungen ablesen. Ein erster Schritt in diese Richtung: Zunächst die vorhandenen Prozesse und Maßnahmen im Unternehmen sammeln und analysieren.

Diese Fragen erleichtern den Einstieg

- Was machen wir bereits im Onboarding?
- Was läuft gut, was nicht? Welche zusätzlichen Maßnahmen sind sinnvoll?
- Welche Beteiligten übernehmen welche Aufgaben?
- Wie prüfen wir derzeit, dass alle Prozessschritte termingerecht erfolgt sind?
- Wie können diese Maßnahmen in einen standardisierten Onboarding-Prozess integriert werden?
- Wie, wann und durch wen wird mit dem neuen Mitarbeiter kommuniziert?

Sind diese Fragen geklärt, geht es an die Definition der KPIs. Es hat sich bewährt, diese Aufgabe mit Unterstützung/Einbezug der Geschäftsleitung und der Führungskräfte umzusetzen.

Kennzahlen können sich durchaus mit fortschreitender »Prozessreife« während des Onboarding-Prozesses verändern. Sind zunächst eher quantitative Kennzahlen wie »Anzahl der via Onboarding-Lösung eingearbeiteten neuen Mitarbeiter« oder »Menge und Vollständigkeit der digital auszuspielenden Informationen« relevant, rücken mit zunehmender Professionalisierung komplexere qualitative Kennzahlen wie »time to fully operative« (Dauer bis zur vollständigen Leistungsfähigkeit) oder der »Cultural Fit« in den Mittelpunkt. Onboarding-Software bietet hier viele Auswertungsmöglichkeiten.

VERANTWORTLICHKEIT MUSS KLAR GEREGELT SEIN
Legen Sie die Verantwortung für die Kennzahlenerhebung und -überwachung genau fest und stellen Sie sicher, dass bei nennenswerten Abweichungen von den gewünschten Zielwerten sofort die »Alarmglocken läuten«. Je früher die Ursachen erforscht werden, desto zügiger können Gegenmaßnahmen eingeleitet werden. Optimierungspotenzial zeigt sich immer!

5.2.2 Die häufigsten Onboarding KPIs und was sie aussagen

Kündigungen vor dem ersten Arbeitstag & Frühfluktuationsquote

Besonders bei Neueinsteigern ist die Kündigungsquote hoch: 30% der teilnehmenden Unternehmen einer Onboarding-Umfrage[11] beklagen Kündigungen vor dem ersten Arbeitstag. Im Gegensatz zu der allgemeinen Fluktuationsrate werden bei der Frühfluktuationsquote nur die Personalabgänge bei den neu eingestellten Mitarbeitern betrachtet. Eine hohe Frühfluktuation liefert ein Anzeichen für eine geringe Mitarbeiterzufriedenheit, die oft aus einer schlechten Einarbeitung oder nicht erfüllten Erwartungen resultiert. Eine hohe Anzahl an Kündigungen vor Arbeitsantritt wiederum lässt auf Mängel im Auswahlprozess und / oder eine mangelnde Kommunikation und Einbindung des neuen Mitarbeiters vor dem ersten Arbeitstag schließen.

Erfolgreiche Einstellungen

Diese Kennzahl zeigt, welcher Anteil an Neueinstellungen tatsächlich im Unternehmen verbleibt. Die Effektivität des gesamten Recruiting- und Personaleinarbeitungsprozesses wird beleuchtet. Eine hohe Erfolgsquote sagt aus, dass die Anforderungsprofile und die Kompetenzen der Bewerber gut zueinanderpassen. Die Qualität der Einarbeitung während der Probezeit ist ebenfalls ableitbar, denn es ist höchstwahrscheinlich, dass der Bewerber mit dem Unternehmen zufrieden ist. Überlegen Sie sich, zu welchen Zeitpunkten Sie messen möchten, z.B. nach sechs Monaten, einem Jahr und drei Jahren. Und ob Sie nach Mitarbeitergruppen (z.B.

---
11 Haufe Onboarding-Umfrage 2019.

Fach- und Führungskräfte, Azubis) oder Bereichen (Vertrieb, Produktion, Admin) unterscheiden.

Qualität des eingestellten Kandidaten (»quality of hire«)

Die sogenannte »quality of hire« ist eine Qualitätskennzahl, die die Leistung der eingestellten Person mit spezifischen Kompetenzen und Fähigkeiten verknüpft. Für viele Unternehmen ist diese Kennzahl immer noch eine Blackbox. Zu festen Zeitintervallen wird gemessen, wie gut der Kandidat im Team angekommen ist und welche Leistungen er dort erbringt (Skala und Leistungsmerkmale müssen vorher definiert werden). Dies vermittelt einen Eindruck davon, welche eingestellten Personen am schnellsten produktiv sind, was dann wiederum auf bestimmte Parameter im Recruiting und Onboarding zurückgeführt werden kann.

Dauer bis zur vollständigen Leistungsfähigkeit (»time to fully operative«)

Wie lange dauert es, bis der neue Mitarbeiter voll einsatzbereit ist und die »Soll-Leistung« erbringt? Hierfür ist natürlich im Vorhinein notwendig, dass die »Soll-Leistung« anhand verschiedener Messgrößen sauber definiert wird. Entscheidend ist, dass die herangezogenen Messgrößen einen Aufschluss darüber geben, was verbessert werden kann.

Dauer bis alle notwendigen Arbeitsmittel vorliegen (»time to environmentally operative«)

Wie lange dauert es, bis alle notwendigen Arbeitsmittel, -geräte und -einweisungen vorliegen, damit der Mitarbeiter 100% produktiv arbeiten kann? Die Zeit wird dabei in Tagen ab dem ersten Arbeitstag gerechnet.

Cultural Fit

Dies ist eine sehr unternehmensindividuelle Kennzahl. Sie beschreibt die Übereinstimmung des neuen Mitarbeiters mit im Unternehmen gelebten Wertvorstellungen. Der Cultural Fit kann mittels geprüfter Testverfahren ermittelt und zusätzlich im Interview erhoben werden. Eigentlich sollte der Cultural Fit bereits im Recruiting-Prozess überprüft werden. Aber oft zeigt sich erst in der Onboarding-Phase, ob die Passung zwischen Unternehmenskultur und -werten mit den Wünschen des neuen Mitarbeiters wirklich übereinstimmt.

Quote der Trainings-/Schulungsmaßnahmen in der Probezeit

Diese Kennzahl lässt sich im Gegensatz zu den anderen sehr leicht erheben. Aber um wirkliche Rückschlüsse ziehen zu können, was bei der Einarbeitung nicht optimal läuft, ist es ratsam, die jeweiligen Gründe für vorgesehene und nicht absolvierte Schulungsmaßnahmen mit zu erheben: Liegt es z.B. am Mitarbeiter, dass er diese nicht besucht hat? Warum hatte er keine Zeit? Wurde die Schulung verschoben?

Anzahl der Vier-Augen-Gespräche

Hier geht es um die Anzahl und Einhaltung der Einarbeitungs- und Feedbackgespräche zwischen Mitarbeiter und Führungskraft, die je nach Unternehmen (und häufig auch je nach Führungskraft) unterschiedlich terminiert sind, z.B. nach dem ersten Tag, der ersten Woche, dem ersten Monat und dem ersten Quartal. Wurden diese nicht gewinnbringend für beide Seiten – Führungskraft und Mitarbeiter – geführt bzw. haben diese im schlimmsten Fall gar nicht stattgefunden, kann dies ein einfaches Indiz für eine nicht erfolgreich abgeschlossene Probezeit sein. Hier lassen sich recht einfach entsprechende Maßnahmen einleiten.

Onboarding KPIs auf einen Blick

Erfolgreiche Einstellungen	Anteil an Neueinstellungen, der tatsächlich im Unternehmen verbleibt.
Qualität des eingestellten Kandidaten (quality of hire)	Zu festen Zeitintervallen wird gemessen, wie gut der Kandidat im Team angekommen ist und welche Leistungen er dort erbringt.
Frühfluktuationsquote	Personalabgänge bei neu eingestellten Mitarbeitern.
Dauer bis zur vollständigen Leistungsfähigkeit (time to fully operative)	Zeitspanne bis der neue Mitarbeiter voll einsatzbereit ist und die »Soll-Leistung« erbringt.
Dauer bis alle notwendigen Arbeitsmittel vorliegen (time to environmentally operative)	Dauer bis alle notwendigen Arbeitsmittel vorliegen, damit der Mitarbeiter 100% produktiv arbeiten kann.

Kulturelle Passung (Cultural Fit)	Beschreibt die Übereinstimmung des neuen Mitarbeiters mit im Unternehmen gelebten Wertvorstellungen.
Quote der Schulungsmaßnahmen in der Probezeit	Gründe für vorgesehene und nicht absolvierte Schulungsmaßnahmen sollten miteinbezogen werden.
Anzahl der Vier-Augen-Gespräche	Anzahl, Einhaltung und Qualität der Einarbeitungs- und Feedbackgespräche zwischen Mitarbeiter und Führungskraft.

Onboarding KPIs

HINWEIS

Eine Übersicht der wichtigsten KPIs finden Sie auch im Anhang.

5.3 Wie berechne ich den ROI (»return on investment«) meiner Onboarding-Aktivitäten?

Um den CEO / CFO von der Notwendigkeit, in professionelle Lösungen zu investieren, zu überzeugen, müssen Zahlen auf den Tisch, die das propagierte hohe Kosteneinsparpotenzial belegen. Kosten lassen sich immer noch am besten durch Erfolge rechtfertigen – das gilt auch für Onboarding. Und erfolgreiches Onboarding zahlt sich aus!

Wie wir zuvor aus der Umfrage gelernt haben, beklagen fast ein Drittel der Unternehmen, dass es durchaus vorkommt, dass der neu eingestellte Mitarbeiter schon vor dem ersten Arbeitstag wieder abspringt und das gerade erst eingegangene Arbeitsverhältnis kündigt. Für Unternehmen hat das gravierende Folgen. Mit diesen frühen Kündigungen sind zahlreiche Kosten verbunden, die sich vom Recruiting über das erneute Onboarding durchziehen. Insbesondere bei teuren und schwer zu findenden Fach- und Führungskräften schlagen diese Kosten richtig zu Buche und es heißt: Alles auf Anfang! Der ganze Aufwand beginnt von vorne, begleitet von enormer Arbeitsverdichtung und Produktivitätsverlust in der Fachabteilung.

Vier Gründe, warum Sie mit Onboarding Kosten sparen

1. Die Kosten für die Einarbeitung der neuen Mitarbeiter sinken
Durch die (digital) optimierte Bereitstellung von Informationen, ein effizientes Aufgabenmanagement und die frühzeitige effektive Vernetzung des neuen Mitarbeiters sparen Ihre Kollegen viele wertvolle Einarbeitungsstunden. Das Team muss weniger Zeit mit der fachlichen Einarbeitung aufwenden, bei HR werden viele administrativen Tätigkeiten (und damit Kosten) eingespart und der neue Mitarbeiter weiß sich schneller im neuen Umfeld zurechtzufinden und die richtigen Kollegen anzusprechen.

2. Die Produktivität der Mitarbeiter erhöht sich
Durch strukturiertes Onboarding mit gezielter rascher Einarbeitung sowie nachhaltiger sozialer Integration werden neue Mitarbeiter früher produktiv. Dies führt zu einem früheren Produktivitäts-Gewinn für das Unternehmen.

3. Die Kosten im Recruiting sinken
Dadurch, dass sich neue Mitarbeiter durch ein gezieltes Onboarding von Anfang an im Unternehmen wohlfühlen, werden zwei Dinge erreicht: Neue Mitarbeiter werden schneller und stärker ans Unternehmen gebunden und die Kündigungsbereitschaft sinkt deutlich. Dadurch sinken auch die Kosten der Personalbeschaffung. Denn die nach einer Kündigung anfallenden Wiederbesetzungskosten (wie Ausgaben für erneute Stellenschaltung, potenzielle Personalberaterkosten und auch die generellen Kosten, die aufgrund des erneuten Zeitaufwands durch die Personalabteilung entstehen) fallen weg.

4. Opportunitätskosten sinken oder entfallen
Kann die Anfangsfluktuation gesenkt werden, spart das Unternehmen bares Geld, denn nicht besetzte Stellen bedeuten:

- Eine Mehrbelastung der Organisation (mit Folgeerscheinungen wie erhöhter Fehlerquote, höherer Krankenstand, Unzufriedenheit der Belegschaft)
- Arbeitsausfall / Unterbesetzung.

Dies führt zu teils empfindlichen Umsatz- und Gewinneinbußen.

glauben, dass die Anfangsfluktuation mit besserem Onboarding verringert werden könnte

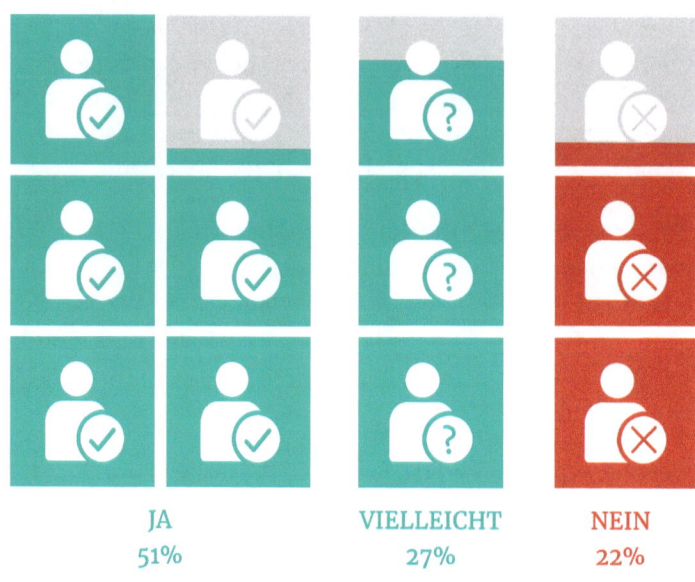

Abb. Anfangsfluktuation dank Onboarding verringern.
Quelle: Haufe Onboarding-Umfrage 2019

Diese Kostenfaktoren spielen für den ROI eine wichtige Rolle

- Durchschnittliche Einarbeitungszeit bis die volle Performance erreicht wird
- Gehaltskosten neuer Mitarbeiter
- Gehaltskosten Mentor und Pate × Zeiteinsatz für die Einarbeitung
- Weiterbildungskosten
- Recruiting-Kosten (durchschn. Kostensatz × time to hire, Platzierung, Messekosten etc.)
- Performance-Verluste von Führungskraft und Team (Zeit für Einarbeitung geht von der eigenen produktiven Arbeitszeit ab)

Wie berechne ich den ROI (»return on investment«) meiner Onboarding-Aktivitäten?

- Neubesetzungskosten (Recruiting-Kosten) bei Kündigung des neuen Mitarbeiters vor dem ersten Arbeitstag
- Neubesetzungskosten (Recruiting-Kosten) und Kosten der bisherigen Einarbeitung bei Kündigung während der Probezeit

PRAXIS-BEISPIEL

Kalkulationsbeispiel: Diese Zahlen sprechen für sich

Bei einem Unternehmen mit 100 Neueinstellungen jährlich und einem durchschnittlichen Jahresgehalt der Mitarbeiter von 50.000 EUR sind bis zu 531.250 EUR Kostenersparnis und Produktivitätsgewinn pro Jahr möglich.

Diesem Kalkulationsbeispiel liegen folgende Annahmen zugrunde

1. Gesparte Einarbeitungskosten

HR-Mitarbeiter, Führungskräfte und das Team benötigen durch ein strukturiertes (digitales) Onboarding weniger Einarbeitungszeit für den neuen Mitarbeiter. Damit werden Arbeitsstunden eingespart, die wiederum in wertschöpfende Tätigkeiten investiert werden können. Im Beispiel sind 50 eingesparte Arbeitsstunden angesetzt.

2. Gesparte Personalbeschaffungskosten

Karriereberater gehen heute von einer Kündigungsquote in der Probezeit von circa 10% aus – allein durch mangelnde Einarbeitung und Integration. Durch professionelles (digitales) Onboarding sinkt diese Kündigungsquote um die Hälfte. Bei den Wiederbesetzungskosten wird im Allgemeinen mit einem halben Jahresgehalt kalkuliert.

3. Höhere Produktivität

Durch eingesparte Zeit für die gezielte (digitale) Wissensweitergabe, die frühzeitige effektive Vernetzung sowie eine strukturierte und nachhaltige soziale Integration erreicht der neue Mitarbeiter circa einen halben bis einen Monat früher seine Produktivität. Die durchschnittliche Produktivitätsquote bei den DAX-Unternehmen beträgt 136%. Im Beispiel sind konservativ 120% angesetzt.

PRAXIS-TIPP

Und jetzt einfach mal sacken lassen: Was wäre wenn ...

... Frau Meyer, die neue Teamleiterin im Marketing nicht am ersten Arbeitstag erscheint. Aber auch nicht an den folgenden Tagen? Sie hat nämlich bereits wieder gekündigt. → Was lief hier beim Preboarding schief?

... Herr Schmidt, Ihr neuer Werkstattleiter, sich in der Probezeit entscheidet, wieder zu gehen? → Wurde er vielleicht mit falschen Versprechen geködert?

... Herrn Schulzes Einarbeitung in die Sales Prozesse nun bereits sechs Monate andauert? Eigentlich sollte er nach drei Monaten allein loslaufen. → Wurde er fachlich nicht richtig eingearbeitet?

Mit diesem 5 Punkte-Plan überzeugen Sie Ihren CEO:

1. Legen Sie den Finger in die Wunde und zeigen Sie auf, wo es bei der Einarbeitung derzeit am meisten klemmt. Gibt es z.B. eine erhöhte Frühfluktuation? Dauert die Zeit bis zur vollständigen Performance immer viel zu lang?

2. Belegen Sie anhand von Auswertungen, wie viel Zeit Sie in das derzeitige Onboarding investieren – nur für das Nachhalten und Managen von administrativen Aufgaben.

3. Zeigen Sie die Hebel auf, an denen durch professionelles Onboarding Zeit und Geld eingespart werden kann. Schauen Sie sich nach geeigneten Lösungen um.

4. Identifizieren Sie Quick Wins einer Onboarding-Lösung, z.B.: Was bringt der Kauf einer App für Einsparungen? Wie hoch ist der Produktivitätsgewinn in Euro?

5. Legen Sie einen detaillierten Projekt- und Budgetplan vor, aus dem genau hervorgeht, welche Investitionen nötig sind bzw. welches Budget Sie brauchen.

6 Onboarding als Projekt

Ohne Onboarding ganz bewusst auf die HR-Agenda zu setzen, werden Sie den Prozess nicht professionell aufgesetzt bekommen. Dafür sind zu viele unterschiedliche Personen und Rollen am Prozess beteiligt. Das konkrete Doing im Einarbeitungsprozess liegt ja zum Großteil NICHT bei HR sondern in den Fachbereichen und der Prozess an sich ist zu komplex. Das macht es zwar sehr schwierig, ist aber gleichzeitig auch eine große Chance für HR: Mit der Entwicklung einer passenden, stimmigen und effizienten Onboarding Journey haben Personaler die Möglichkeit, einen echten Mehrwert zu generieren und die Organisation von ihrem Beitrag zum Unternehmenserfolg zu überzeugen. Schließlich ist das Zusammenbringen von Menschen und die Integration unterschiedlicher Sichtweisen und Bedürfnisse eine der Kernkompetenzen von HR!

Abb. Onboarding ist ein umfassendes Projekt

6.1 Die 3 »Must-haves«

Was sind die absoluten Grundvoraussetzungen und Vorüberlegungen, um Onboarding im Unternehmen erfolgreich aufzubauen, zu etablieren und am Laufen zu halten?

- Es braucht eine Person (oder ein Team), die sich den Hut der Verantwortung aufsetzt – unserer Erfahrung nach am besten ein **Onboarding Manager**, der in HR »zuhause« ist. Und dennoch: Alleine wird der Onboarding Manager auf Dauer auf verlorenem Posten sein!

  > *»An der heißen Kartoffel Onboarding verbrennt sich jeder alleine nur die Finger – deshalb machen wir zusammen Pommes draus!«* (Stephanie Anton, Senior Consultant Learning & Development bei der Haufe Group)

  Leider ist es aber auch in der Natur des Menschen, dass Aufgaben, die nicht »ad-hoc« und aus Kunden-/Unternehmensleitungssicht direkt wirtschaftlich notwendig sind, dann doch immer wieder auf die lange Bank geschoben werden – oder ganz runterfallen. Jedenfalls, solange dieser Prozess nicht klar definiert ist, Verantwortlichkeiten festgelegt sind UND Prozessbeteiligte nicht aktiv »angestoßen« worden sind. All diese Fäden müssen bei einem Verantwortlichen zusammenlaufen. Der Onboarding Manager (oder das Onboarding Team) ist für das permanente Prozess-Monitoring (Retention Rate, time to fully productive, Feedback der Onboardees etc.) zuständig und vor allem ist er derjenige, der alle Beteiligten im Unternehmen zusammenbringt, um den Prozess entweder erstmals richtig gut aufzusetzen oder permanent weiter zu optimieren. Er treibt den Prozess und hält die Flamme am Lodern.

- Ohne **klar definierte Strukturen und Prozesse** wird Ihr Onboarding nicht funktionieren! Ein gutes Onboarding ist zu 80% gute Administration, Vorbereitung und Abwicklung. Der Rest ist die nötige Prise Menschlichkeit, Wertschätzung und persönliches Kümmern. Die 80% wollen sauber aufgesetzt und durchgesteuert werden. Mehr dazu unter 6.2.3.

- Last but not least: Ein **Budget** muss her! Gutes Onboarding gibt es nicht umsonst, sondern es ist ressourcenintensiv (vornehmlich Kapazitäten in HR und Fachbereich). Aber: Die investierte Zeit zahlt sich i.d.R. mehr als aus, siehe Kapitel 5.

6.2 Die 5 Phasen des Onboardings

Sollte es bei Ihnen noch keine festen Onboarding-Strukturen im Unternehmen geben, bietet es sich an, das **Projekt Onboarding** in folgenden 5 Phasen aufzusetzen:

Abb. Die 5 Phasen des Onboardings

6.2.1 Schmerzpunkte identifizieren

Die Erfahrung zeigt, dass es nicht reicht, wenn HR definiert, wo es beim Onboarding derzeit klemmt. Denn sowohl HR-Mitarbeiter als auch Führungskräfte haben oft einen »blinden Fleck« in Sachen Wahrnehmung des Status Quo.

Für die Kollegen im Personalbereich hört der Kontakt zum Onboardee meist spätestens nach Erledigung der Einstellungsformalitäten auf. Allenfalls schlägt der New Joiner während der Einarbeitungszeit mal bei den Kollegen von der Personalentwicklung auf. Somit sind sie vom Feedback des Onboardees abgeschnitten – es sei denn, sie holen es sich aktiv ein!

Führungskräfte sind häufig total »Land unter« im operativen Geschäft, gehen Kritik aus dem Weg oder überfordern neue Mitarbeiter, indem sie zu viel erwarten. Diese trauen sich dann wiederum – auch aufgrund des Abhängigkeitsverhältnisses (die Führungskraft entscheidet ja über das Bestehen der Probezeit) – nicht, kritisches Feedback zu äußern.

Daher ist es enorm wichtig, möglichst breites Feedback aller Prozessbeteiligten einzuholen, um herauszufinden, wo es beim Onboarding der neuen Kollegen wirklich klemmt. Idealerweise beziehen Sie auch Onboardees ein, um deren Erfahrungen beim Jobstart zu erhalten.

Geeignete Methodik

Bewährt haben sich spielerische, interaktive Vorgehensweisen, die intuitive Antworten triggern und bei denen es den Inputgebern NICHT gestattet ist, lange nachzudenken. Sie möchten hier schließlich ehrliche Antworten! Wir erzielen tolle Ergebnisse mit den Workshop-Methoden »Thesenpoker« oder EIGENLAND®.

Beide Methoden ermitteln den Status Quo des Onboardings im Unternehmen, stellen ein gemeinsames Verständnis her und bringen die Schmerzpunkte an die Oberfläche. Die Workshops sollten in einem Setting mit vier bis zehn Prozessbeteiligten aus verschiedenen Unternehmensbereichen »gespielt« werden. Allen Teilnehmern wird jeweils eine bestimmte These zum Onboarding vorgelegt, die innerhalb weniger Sekunden beantwortet werden soll. Durch »verdecktes« Abgeben der jeweiligen Zustimmung zur These werden sozial erwünschte Antworten vermieden sowie die Partizipation aller Beteiligten getriggert. Beim **Thesenpoker-Workshop** werden Assoziationen und Elemente des Poker-Kartenspiels verwendet. Bei der Methode **EIGENLAND**® werden Assoziationen und Elemente aus Bergbau und Brettspiel genutzt.

Je nach Unternehmensgröße werden ein oder mehrere Durchgänge nötig sein, um ein vollständiges Bild des Status Quo zu gewinnen (Zeitinvestition: ca. 3-4 Stunden). Es ist Aufgabe des Onboarding Managers oder Projektleiters, die gewonnenen Erkenntnisse zu verdichten, die anschließenden Diskussionen zu moderieren und die Erkenntnisse in einen Anforderungskatalog für das Onboarding-Programm zu überführen.

6.2.2 Beteiligte abklären

Dies ist zwar nur eine überschaubare, kurze Phase, aber eine sehr wichtige, die oft vernachlässigt wird. Anhand der **Passenger Map** erarbeiten Sie in einem interdisziplinären Workshop (Dauer: 60-90 Minuten inkl. Diskussion), welche Personen im Onboarding involviert sind und welche Rollen sie im Prozessablauf haben. Vom Personalsachbearbeiter über IT / Einkauf bis hin zur Führungskraft und dem Paten. Auch hier nähern wir uns über ein Format, welches die Beteiligten spielerisch und motivierend zur Mitarbeit bringt.

PRAXIS-TIPP
Den Betriebsrat so früh wie möglich einbeziehen
Spätestens, wenn Sie sich entscheiden sollten, den Onboarding-Prozess softwaregestützt aufzusetzen, kommt der Betriebsrat ins Spiel. War er dann nicht von vornherein beteiligt, ist es ungleich schwerer, die BR-Kollegen gut »abzuholen«. Zumal es häufig der Betriebsrat ist, der als erster im Unternehmen mitbekommt, wenn sich neue Mitarbeiter unwohl, nicht wertgeschätzt, schlecht eingearbeitet oder unter Weckung falscher Erwartungen angeködert fühlen. Nutzen Sie also das Potenzial und die Ressource Betriebsrat, um Ihr Onboarding zu verbessern.

Wichtig ist auch, dass Sie genau analysieren, welches Verständnis bei den Führungskräften bezüglich des Onboardings vorherrscht: Wird die Meinung vertreten – wie in so vielen Unternehmen –, Onboarding wäre Aufgabe von HR? Falls dem so ist, können die Methoden der einzelnen Onboarding-Phasen auch dazu genutzt werden, dass ein Umdenken bei den Führungskräften einsetzt: Ein guter Einarbeitungsprozess wird zwar von HR initiiert und administriert, aber mit der Umsetzung und dem Engagement der Führungskräfte, die ihrerseits wiederum das Team und die Kollegen aktivieren müssen, steht und fällt die Qualität.

Übrigens: In vielen Unternehmen gehört auch die Geschäftsführung auf die Passenger Map. Viele CEOs oder Personalleiter lassen es sich nicht nehmen, neue Kollegen persönlich willkommen zu heißen. Sei es im Rahmen einer Q & A Session am Welcome Day, einer Verabredung zum Mittagessen, o.Ä. Und anders herum: Will das Unternehmen eine Unternehmenskultur der Wertschätzung, Transparenz, Kommunikation und Verantwortung auf allen Ebenen greifbar und authentisch vermitteln, gehört dieser Passenger mit ins Boot – auch wenn es bislang nicht so war!

6.2.3 Onboarding-Prozess modellieren

Diese Phase ist das Kernstück des Projekts. Es hat sich bewährt, den Onboarding-Prozess nach **Personas** gegliedert zu erarbeiten und in einer übersichtlichen Form abzubilden. Wir nutzen dabei das übersichtliche und komplexitätsreduzierende Design einer **Metro Map**: Jede Persona (d.h. die Prozessbeteiligten, die in der o.g. Passenger Map erarbeitet wurden, z.B. Onboardee, Führungskraft, HR u. v. a.) wird als eine »U-Bahn-Linie« dargestellt, bei der es Haltestellen (Aktionen) und Knotenpunkte (Interaktionen) der unterschiedlichen Linien gibt. Die Visualisierung hilft enorm, um transparent zu machen, welche Aktionen jeder Beteiligte zu tun hat, wie die Prozessbeteiligten voneinander abhängen, welche Touchpoints existieren und wer mit wem wann kommunizieren muss. So kann **gemeinsam** der neue (oder optimierte) Prozess modelliert werden. Im Unterschied zu häufig unverständlichen, zumindest aber unübersichtlichen Flowcharts, bildet eine Metro Map das gesamte Ökosystem der Rollen und Prozesse sehr übersichtlich und innovativ ab. Je nach Bedarf können die unterschiedlichen Passenger sich das ganze Gefüge anschauen (auch um zu verstehen, welche Auswirkungen seine Aufgaben auf andere Rollen und Prozesse haben) oder nur jene U-Bahn-Linie bzw. Linienabschnitt, der sie betrifft.

Es ist unerlässlich, von jeder Persona mind. einen Teilnehmer im Workshop zu integrieren. Das Zeitinvestment beträgt (je nach Unternehmensgröße) ca. 6-12 Stunden inkl. Diskussion und Dokumentation, je nachdem, ob der Prozess komplett neu designed werden soll oder auf Basis einer sog. Best-Fit Metro Map erarbeitet wird.

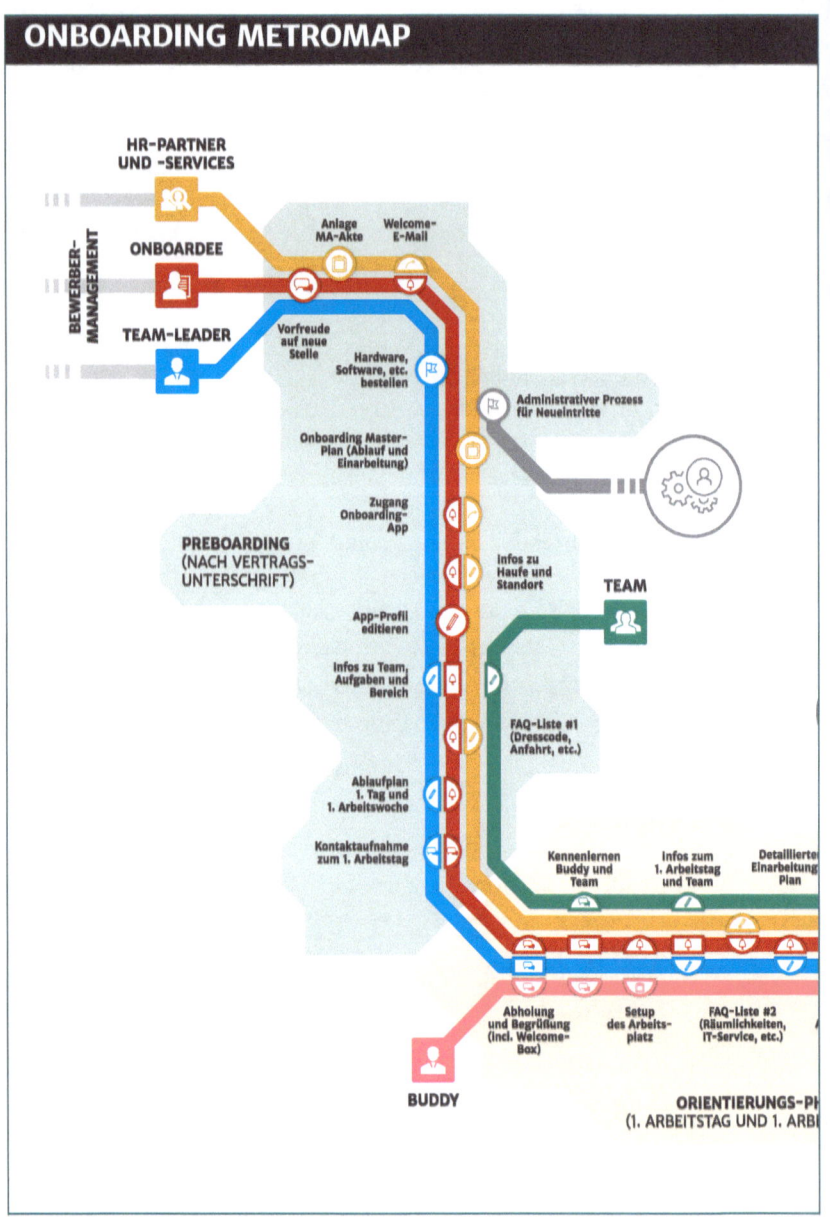

Abb. Die Onboarding Metro Map. Quelle: Haufe

Die 5 Phasen des Onboardings | 81

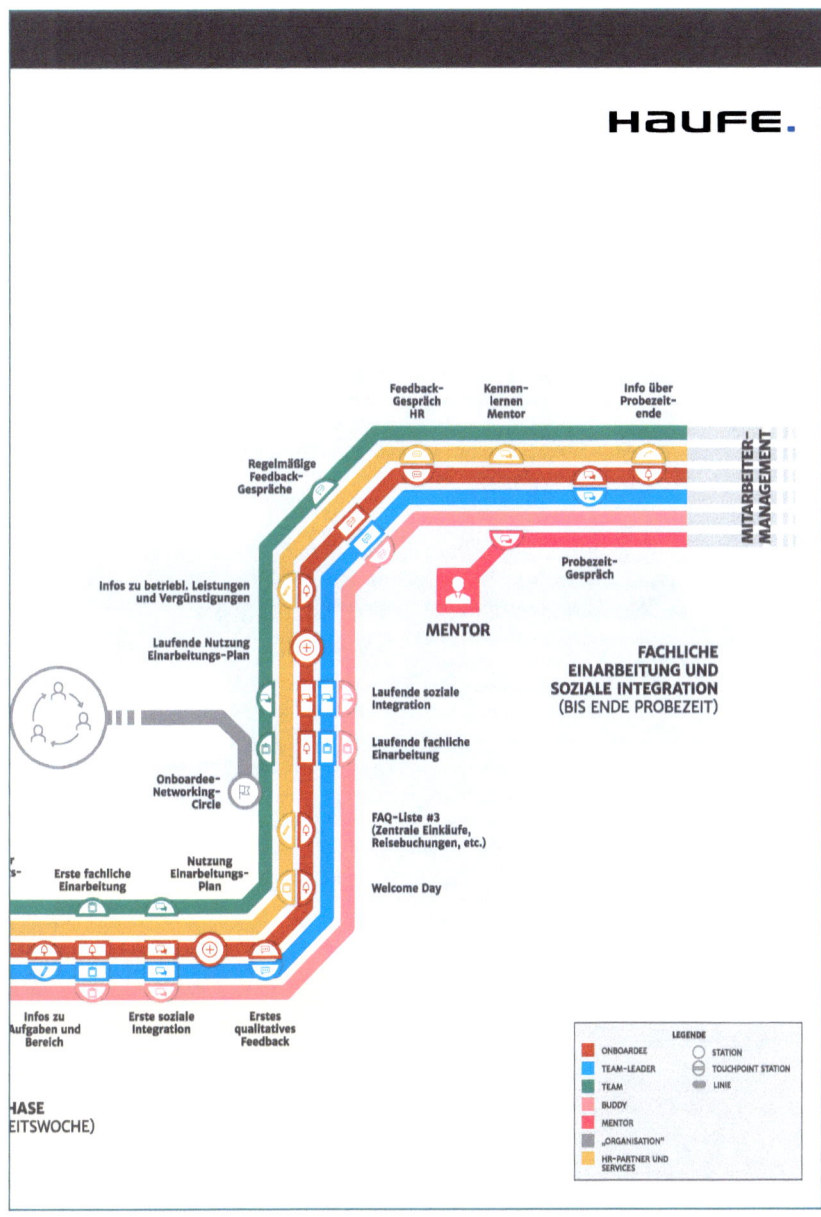

6.2.4 Onboarding Journey erarbeiten

Diese Phase baut auf den Arbeitsergebnissen der Phase 3 Metro Map auf. In dieser Phase werden mittels Content- und Task-Cards en détail alle relevanten Inhalte und Aufgaben erarbeitet, die die Prozessbeteiligten (z.B. Onboardee, HR-Services, Team, Führungskraft etc.) an den Haltestellen oder Knotenpunkten erhalten oder erfüllen sollen. So wird die Onboarding Journey modelliert, die den Onboardee von Anfang an motivieren und gezielt ins Unternehmen integrieren soll. Der Teilnehmerkreis ist identisch mit dem des Metro-Mapping-Workshops. Das Zeitinvestment beträgt hier ca. 6-8 Stunden, inkl. Diskussion und Dokumentation.

6.2.5 Konkrete Umsetzung: So läuft der optimale Roll-out

Nachdem all diese Vorarbeiten erledigt und vor allem dokumentiert wurden, können jetzt die Prozessbeteiligten in rollenspezifischen Teams die einzelnen Inhalte (bzw. Aufgaben) der Onboarding Journey erarbeiten und in der passenden Form umsetzen und ausspielen (z.B. als E-Mail, in einer Onboarding App oder als Veranstaltung).

PRAXIS-BEISPIEL

Die Welcome E-Mail
Der neue Mitarbeiter soll 2 Wochen vor Arbeitsantritt eine Welcome E-Mail bekommen. Diese soll durch HR automatisiert versandt werden (mit der Führungskraft in cc). Zwei Kollegen aus dem Bereich HR erarbeiten gemeinsam ein Template, welches im administrativen Prozess »Eintritt neuer Mitarbeiter« hinterlegt ist. Es enthält folgende Infos:

- Ein herzliches Willkommen im Namen von HR und der direkten Führungskraft und des gesamten Teams,
- wann der Neue am ersten Arbeitstag wo sein soll,
- wo er parken kann,
- Dresscode im Unternehmen,
- was ihn am ersten Arbeitstag erwartet,
- an wen er sich bei Fragen wenden kann sowie
- Abschlussklausel, in der zum Ausdruck kommt, wie sehr sich alle auf ihn freuen.

In dieser Phase wird es sehr kleinteilig und man muss aufpassen, sich nicht zu verzetteln. Insbesondere, da bei einigen Inhalten oder Aufgaben mehrere Abteilungen beteiligt sind, die es zusammenzubringen gilt (z.b. beim Workflow der Arbeitsplatzeinrichtung, wo Entscheidungen / Budget der Führungskraft eine Rolle spielen, die Umsetzer dann in der IT, dem Einkauf und im Facility Management sitzen). Das größte Aufgabenpaket liegt bei HR, insbesondere, da der Onboarding Manager zusätzlich die Aufgabe hat, sicherzustellen, dass die anderen Prozessbeteiligten (Teamleader, Mitarbeiter, Onboardees, Paten etc.) ihre Hausaufgaben machen. Sinnvoll ist hier, dass der Onboarding Manager Freiwillige aus jeder Rolle akquiriert und mit ihnen zusammen in Workshops erarbeitet, wie die konkrete Umsetzung aussehen soll.

Bewährt hat sich bei der Erarbeitung von Inhalten (z.B. Welcome Package für neue Mitarbeiter, Konzeption des Welcome Days, Konzeption und Zusammenstellung von FAQ-Listen etc.) auch die Einbindung von Experten wie Kollegen aus der Unternehmenskommunikation, dem Veranstaltungsmanagement, dem Content Marketing, o.Ä.

PRAXIS-TIPP
Groß denken – klein starten
Ist der Umsetzungsprozess zäh, haben Sie als Onboarding Manager wenige personelle Ressourcen oder eingeschränkt begeisterte Kollegen? Dann schauen Sie nochmals zurück auf die vorangegangenen Phasen: Sicher haben Sie bei der Erarbeitung von Metro Map und Onboarding Journey einige Aha-Erlebnisse gehabt – oder jene der Teilnehmer dokumentiert. Häufig fallen in den Workshops ja sogar spontane Äußerungen wie z.B.: »Wenn wir ein Patenkonzept hätten, könnte ich mich als Führungskraft auf Themen wie Strategieverständnis und Kompetenzaufbau fokussieren«. Oder: »Uns würde doch schon ein standardisierter Einarbeitungsplan helfen, um in Sachen Onboarding ein gutes Stück besser zu werden!« Das sind dann die Hebel, wo Sie auch isoliert an nur wenigen Punkten ansetzen können, um Quick Wins zu realisieren. Bewähren sich diese, werden Sie umso leichter Budget und Mitstreiter finden, um weiterzumachen.

Pilotlösungen entwickeln und testen

In den meisten Fällen setzt eine groß angelegte Onboarding-Initiative nicht auf etwas Bestehendem auf, das verändert werden soll, sondern ist ein Projekt auf der »grünen Wiese«. Da ist es meist sinnvoll, eine Umsetzung nicht als »Big Bang« aufzusetzen, sondern angelehnt an agile Methoden wie Scrum in einem Stufen- bzw. Wellenverfahren zu implementieren. Völlig unabhängig von der Unternehmensgröße eignet sich ein Roll-out in 3-4 Wellen.

1. **Die Initiatoren**
   Hier lautet der Ansatz: definieren!
   Definieren Sie ein Team, eine Abteilung, einen Geschäftsbereich oder einen Standort.
   Machen Sie sich bewusst, dass eine gelungene Umsetzung den weiteren Roll-out nicht nur enorm erleichtert, sondern dass Sie hier wertvolle Anregungen zur Optimierung der Lösung erhalten können. Wählen Sie den Bereich für Welle 1 daher mit Bedacht: Die Kollegen sollten entsprechenden Leidensdruck beim Onboarding haben, motiviert sein, in die Umsetzung zu gehen und Verantwortung zu übernehmen und Ihnen kritisches Feedback zu Prozess und Lösung geben können. So können – während Welle 1 – bereits kleinere und größere Anpassungen des Gesamtprozesses erfolgen. Die Initiatoren-Gruppe dient auch dazu, Awareness für den neuen Onboarding-Prozess im Unternehmen zu streuen. Sie ist im Grunde enger Bestandteil des Projektteams. Als Sahnehäubchen wären eine gute Vernetzung und Sichtbarkeit des Bereichs überaus förderlich! Denn so werden weitere Bereiche / Abteilungen von selbst auf die Initiative aufmerksam und können somit für die folgenden Wellen herangezogen werden.

2. **Innovatoren**
   Hier lautet der Ansatz: entfachen!
   Idealerweise »purzeln« aus Welle 1 besonders interessierte / begeisterte Teams heraus, die von sich aus mit an Bord wollen. Diese eignen sich hervorragend, um den Roll-out auf etwas breitere Füße zu stellen und das Konzept in größerem Rahmen zu verproben. Sie können sich relativ sicher sein, wohlwollende, positiv denkende und aktive Mitstreiter gewonnen zu haben, mit denen Sie den Feinschliff vornehmen können. Die Kollegen aus den Wellen 1 und 2 reichen i.d.R. aus, um das »Feuer zu entfachen«.

3. **Frühe Botschafter**
   Hier lautet der Ansatz: fördern!
   Diese Gruppe ist auch aufgeschlossen für Neues, bringt aber meist etwas mehr Sicherheitsdenken und Passivität mit sich. Sie sind nicht

diejenigen, die gerne als »Versuchskaninchen« Zeit investieren, sondern möchten – bevor sie sich engagieren – schon Erfolge sehen. Es ist aber wichtig, diese zu gewinnen und vom Prozess zu überzeugen, sonst funktioniert der Roll-out in die Masse nicht.

Je nach Unternehmensgröße, Zeitplan und Impact des Projekts können die Wellen 2 und 3 auch zusammengelegt werden.

4. **Erste Mehrheit und die Masse**
Hier lautet der Ansatz: verstärken und verankern!
Jetzt wird das Vorgehen in die Breite getragen und in sämtlichen Bereichen und Standorten ausgerollt.

HINWEIS

Besonderheit bei international tätigen Unternehmen
Sind Sie länderübergreifend vertreten, sollten Sie die sprachlichen und kulturellen Unterschiede mitbedenken. Länderspezifische Inhalte müssen erstellt werden und übergreifend nutzbare Contents übersetzt und lokalisiert werden. Nutzen Sie daher für die Wellen 1-3 auf jeden Fall Teams / Bereiche aus dem Land, in dem die meisten Mitarbeiter beschäftigt sind.

Es lohnt sich, schon zu Beginn des Projekts Hirnschmalz in die Aktivierung der Onboardees und Prozessbeteiligten als »Markenbotschafter« zu stecken. Nur wenn es Ihnen gelingt, dass diese ihre positiven Erkenntnisse und Erfahrungen konsequent in der Gesamtorganisation teilen, wird der Change gelingen und der neue Prozess zur Unternehmens-DNA.

Special: Wenn Sie auch eine Onboarding App einführen

Wenn Sie auch eine App einführen möchten, haben Sie die sehr bequeme, teilautomatisierte Möglichkeit, Inhalte (wie Unternehmens- und Teaminformationen, Events, Kontakte u. Ä.) bereits **vor** dem ersten Arbeitstag bequem mit dem Neuen zu teilen. Unterschätzen Sie den Mehrwert dieser Technik nicht: Der neue Mitarbeiter kann sich ganz anders auf den neuen Job und die Firma vorbereiten – und wird schneller produktiv. Außerdem kann er sich schon im Vorfeld mit Kollegen vernetzen, an Firmen-Events teilnehmen usw.

Damit Sie der App dann aber auch Leben einhauchen (nichts ist schlimmer als eine App, in der nichts geht!), muss mindestens ein Redaktionsplan erstellt, Inhalte getextet und Bilder gepostet werden. Darüber hinaus können Sie Ihrem Einfallsreichtum freien Lauf lassen. Planen Sie – was das zeitliche Ausspielen der Inhalte angeht – am besten vom ersten Arbeitstag an rückwärts. Denn nicht jeder neue Mitarbeiter hat die gleiche Kündigungsfrist!

So könnte die App-Oberfläche für den Onboardee aussehen – nutzen Sie die Möglichkeiten, um alle wichtigen Infos zeitgerecht zu posten und die Oberfläche mit Ihrem CI auszustatten. Das steigert die Vorfreude auf den ersten Arbeitstag enorm!

Abb. App-Oberfläche.
Quelle: Haufe myOnboarding

Abb. Informationen in der App.
Quelle: Haufe myOnboarding

Vorteile einer Softwarelösung

Sollten Sie sich für eine komplette Onboarding-Software entscheiden, gewinnen Sie viel Freiraum durch administrative Entlastung, z.B. bei Zeitfressern wie Routineaufgaben. Darüber hinaus reduzieren Sie durch Automatisierung die Fehlerhäufigkeit und erhalten eine umfassende Übersicht anstehender und erledigter Aufgaben. So ein Dashboard könnte so aussehen:

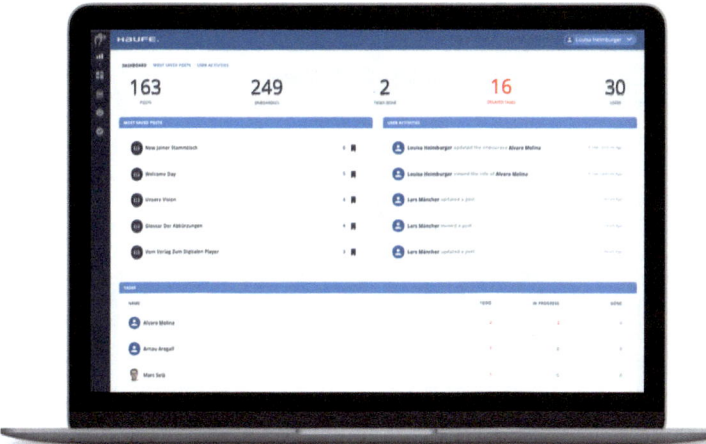

Abb. Dashboard einer Onboarding-Lösung. Quelle: Haufe myOnboarding

Last but not least: durch die Einführung einer IT-gestützten Onboarding-Lösung eröffnen sich Ihnen neue, bequeme Analyse- und Berichtsmöglichkeiten. So generieren Sie künftig auf Knopfdruck vorkonfigurierte Reports und KPIs.

Ständige Feedback Loops sind das A und O

Ab dem Startschuss des Projekts sollten Sie konsequent regelmäßige Feedback Loops installieren. Was im Workshop am Reißbrett stimmig erschien, kann sich in der Praxis als nicht zielführend erweisen. Je früher Korrekturen vorgenommen werden, desto weniger aufwändig! Nicht nur das Feedback der Führungskräfte ist wichtig: Gerade aktuelle Onboardees, die den neuen Onboarding-Prozess durchlaufen, können sehr konkrete Rückmeldungen und Verbesserungsvorschläge einbringen.

Schließlich sind das die Kunden, für sie wird der Prozess aufgesetzt! Hierbei ist es wichtig, dass den neuen Mitarbeitern zumindest die Option gegeben wird, ihr Feedback anonym zu geben.

NACHHALTIGE EINFÜHRUNG NEUER ABLÄUFE UND TECHNOLOGIEN

Geht es um Changemanagement, sind immer drei Dimensionen zu berücksichtigen. Gelingt dies nicht ganzheitlich, werden die gewünschten Änderungen nur sehr schwer in der Organisation verankerbar sein.

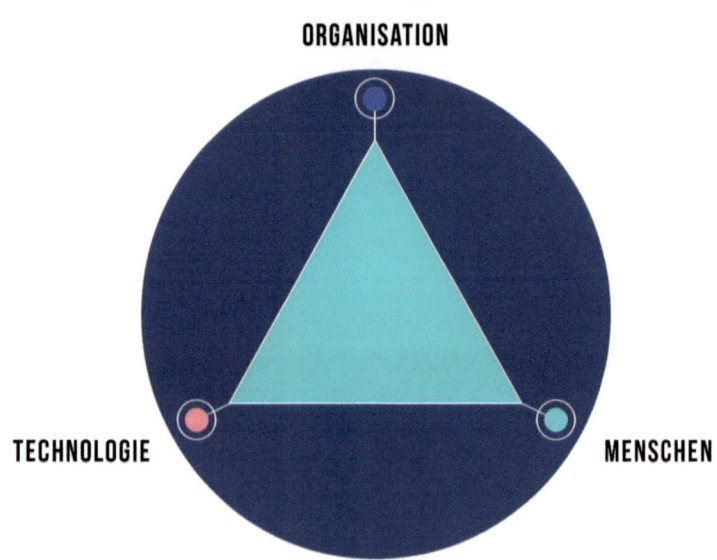

Abb. 3D-Modell

Alle drei Dimensionen müssen adäquat adressiert werden.

Technologie: Dies ist die offensichtlichste der drei Dimensionen. Die Software bzw. die Tools müssen an die jeweiligen Unternehmensanforderungen angepasst und konfiguriert werden. Systembrüche, Unwägbarkeiten, schlechte UX und unnötiger Pflegeaufwand sollten unbedingt vermieden werden.

Organisation: Eine flächendeckende Nutzung der Lösung und das Einhalten der vorgegebenen Prozessschritte lässt sich nur dann sicherstellen, wenn sie einen Nutzen für ALLE Beteiligten bringt und zur Unternehmenskultur und den Arbeitsabläufen »passt«.

Menschen: Damit alle Mitarbeiter die neuen Prozesse auch leben können, ist ein umfangreiches Empowerment der einzelnen Mitarbeiter nötig – nicht nur derjenigen, die im Projektverlauf involviert waren! Das geht weit über eine reine Software-Schulung hinaus, sondern erfordert zunächst den behutsamen Abbau von Berührungsängsten, wechselseitiges Lernen, Ausprobieren und Experimentieren sowie das Wecken von Begeisterung für die neue Lösung. Und das wirkliche Hören von Feedback und Verbesserungsvorschlägen!

HINWEIS
Sie haben gesehen: Im Onboarding neuer Mitarbeiter schlummern viele Optimierungs- und Automatisierungspotenziale. Wird der Prozess einmal sauber aufgesetzt, mit einem benutzerfreundlichen Frontend und einem gut durchdachten Aufgabenmanagement dahinter, trägt sich die Anschaffung einer digitalen Onboarding-Lösung ziemlich schnell und es können wertvolle interne Ressourcen freigesetzt werden. Die einmalige Erstellung von hochwertigem Content, der dem neuen Mitarbeiter in der Pre- und Onboarding-Phase ausgespielt werden kann, trägt weiter dazu bei, dass sich HR und Fachabteilung zukünftig auf die individuelle, aufgabenspezifische Einarbeitung konzentrieren können. Leider ist es damit nicht getan! Nach erfolgreichem Roll-out geht es sozusagen in den Maintenance-Modus über. Dieser erfordert nach wie vor Ressourcen und Beachtung.

6.3 Überführung in den Live-Betrieb

Sobald der Roll-out in die breite Masse erfolgt ist und »Kinderkrankheiten« des Workflows behoben sind, kann das Projekt zunächst beendet werden. Das bedeutet aber nicht, dass der Onboarding Manager und das Projektteam seine Jobs los sind. Im Gegenteil: Es braucht nach wie vor jemanden, der den Prozess überwacht, feinjustiert und weiterentwickelt. Sonst ist die Gefahr groß, dass entweder alte Muster wieder Einzug halten oder die Lösung ohne regelmäßige »Updates« schnell veraltet und den Beteiligten keinen Mehrwert mehr bietet. Empfehlenswert ist es, wenn sich mindestens ein Kollege aus HR (das kann auch der Onboarding Manager sein – wenn auch sicher nicht mehr unbedingt in Vollzeit) den Hut der Verantwortung und den des Koordinators aufsetzt. So stellen Sie sicher, dass der neue Prozess nicht wieder »einschläft«.

Dieser hat dann folgende Aufgaben:

- Jährliche Überwachung der KPIs und ggfs. Einleitung von Maßnahmen, wenn was schiefläuft oder sich in die verkehrte Richtung entwickelt.
- Aktualisierung der bestehenden Inhalte, Formate, Veranstaltungen und Templates (nach Bedarf, mind. jährlich).
- Regelmäßiges Einholen von Feedback aller Prozessbeteiligten. Auswertung und Nutzung zur kontinuierlichen Verbesserung des Prozesses.
- Ansprechpartner für alle Fragen rund ums Onboarding.
- Regelmäßige interne Kommunikation und ggfs. auch extern / auf Social Media (z.B. im Rahmen des Employer Brandings).

7 Exzellentes Onboarding: So gehen Sie vor

Onboarding lässt sich in verschiedene Phasen unterteilen:

1. **Preboarding:** Maßnahmen vor Arbeitsantritt
2. **Orientierungsphase:** Erster Arbeitstag und »Ankommen« im Unternehmen
3. **Fachliche Einarbeitung & soziale Integration**

Vor dem Arbeitsantritt des Onboardees erledigt HR die administrativen Tätigkeiten und die Fachabteilung erstellt den Einarbeitungsplan, das Herzstück der fachlichen Einarbeitung. Diese startet in der Regel mit dem Eintritt ins Unternehmen, während die soziale Integration den Neuzugang optimalerweise schon direkt nach Vertragsschluss ans Unternehmen bindet.

7.1 Preboarding: Maßnahmen vor Arbeitsantritt

Wie in Kapitel 1.3 schon erläutert, kämpfen 30% der Teilnehmer der Haufe Onboarding-Umfrage 2019 mit Kündigungen zwischen Vertragsunterschrift und dem ersten Arbeitstag[12]. Das zeigt, dass ein attraktives Gehalt allein nicht genügt, um den neuen Mitarbeiter an das Unternehmen zu binden. Die Ursachen können vielfältig sein, aber oft genug hapert es im zwischenmenschlichen Bereich. Hört der Neuzugang in dieser Phase kein Lebenszeichen vom künftigen Arbeitgeber, fühlt er sich in dieser Phase oft »vergessen« und zweifelt unter Umständen, ob er die neue

---
12 Haufe Onboarding-Umfrage 2019.

Stelle wirklich antreten soll. Bekommt er nun parallel noch ein anderes Angebot, ist es kaum verwunderlich, wenn er den Vertrag noch vor dem Arbeitsantritt wieder kündigt.

Wie die Umfrage weiterhin zeigt, nutzen 25% der Teilnehmer das Potenzial eines frühen Onboardings (noch) nicht.

Abb. Frühes Onboarding bleibt oft ungenutzt. Quelle: Haufe Onboarding-Umfrage 2019

Abhilfe schaffen hier die nachfolgend vorgestellten Preboarding-Maßnahmen sowie frühzeitige Kontakte zum Onboardee.

Team einbeziehen

Damit die Teamintegration später reibungslos klappt, ist es hilfreich das Team frühzeitig über vakante Stellen und den Stand des Recruiting-Prozesses zu informieren. Wie in Kapitel 4 beschrieben, beschleunigt es die Integration, wenn das Team bei der Endauswahl der aussichtsreichsten Bewerber einbezogen wird. Dürfen die Kollegen bei dem potenziellen Kandidaten mitentscheiden, sind sie später eher bereit, ihn in seiner Einarbeitungsphase aktiv zu unterstützen und zu integrieren. Auch wenn Vorgesetzte den Einarbeitungsplan erstellen und sich erste Arbeitsaufgaben überlegen, ist es ratsam das Team einzubinden.

PRAXIS-TIPP

Weitere Tipps zum Teamrecruiting und zur Teamintegration finden Sie in Kapitel 4.

Kontakthalten zwischen Vertragsunterschrift und erstem Arbeitstag

Die hohe Anfangsfluktuation vor dem ersten Arbeitstag zeigt, wie wichtig es ist, dass Unternehmen ihre neuen Mitarbeiter schon in der »Warte-Phase« bei Laune halten.

Abb. Preboarding beginnt gleich nach der Unterschrift

Auch wenn der Onboardee bei seinem Vorstellungsgespräch schon einen ersten Einblick ins Unternehmen bekommen hat, fühlt er sich bis zum ersten Arbeitstag oft unsicher. Frühzeitige Interaktionen geben ihm das Gefühl, dass er sich richtig entschieden hat und sich der Vorgesetzte und das Unternehmen auf seine Mitarbeit und Unterstützung freuen. Deshalb helfen regelmäßige Kontakte schon vor dem ersten Arbeitstag dabei, ein positives Verhältnis aufzubauen.

Dafür bieten sich z.B. die folgenden Maßnahmen und Interaktionen an:

- **Willkommensschreiben:** Ein freundliches Willkommensschreiben stimmt ihn positiv auf das Unternehmen ein. Legen Sie gleich einen **Ablaufplan** für den ersten Arbeitstag bei, damit er weiß, was ihn erwartet.

- Frühzeitige **Einblicke** in die Unternehmenskultur (z.B. Unternehmensleitlinien, Führungsgrundsätze, Arbeitsstil, betriebliche Umgangsformen oder Teamkultur): Vor dem Start hat der Mitarbeiter meist Zeit und ist sehr interessiert, den neuen Arbeitgeber besser kennenzulernen. Geben Sie Ihrem Mitarbeiter schon vorab die Möglichkeit, sich über aktuelle Vorgänge im Unternehmen zu informieren, z.B. über einen Mitarbeiter-Newsletter, eine Firmenzeitschrift, einen Intranet-Zugang oder aktuelle Pressemitteilungen.

- **Einladungen**, z.B. zu Schulungsmaßnahmen, Team-Events, Stammtische oder Veranstaltungen, die vor dem eigentlichen Arbeitsantritt liegen. Schön, wenn der neue Kollege gleich dabei ist – laden Sie ihn persönlich dazu ein.

- Wenn Ihr Mitarbeiter vor Arbeitsantritt **umziehen** muss, bieten Sie Unterstützung an: Infos zu Wohnungssuche, Umzugsunternehmen, Kindergärten, Schulen, Freizeitmöglichkeiten etc. helfen ihm über die ersten Hürden.

- Haben Sie eine **E-Learning-Plattform**? Sie können dem neuen Mitarbeiter schon vorab einen Zugang einrichten und z.B. Videobeiträge von Mitarbeitern über das Unternehmen einbinden. Sie zeigen dem Neuen, dass es Spaß macht, in der Firma zu arbeiten.

- **Soziale Netzwerke:** Haben Sie eine XING-Gruppe oder sind Sie bei LinkedIn? Schicken Sie ihm eine Einladung und nehmen Sie ihn in Ihre Gruppe auf!

Onboarding Apps

Mit einer Weblösung oder App verfügt HR über eine zentrale Plattform, um dem neuen Mitarbeiter alle wichtigen Informationen rund um das Unternehmen zu präsentieren. So kann HR alles Wissenswerte für neue Mitarbeiter verständlich, dosiert und idealerweise auf das jeweilige Mitarbeiterprofil abgestimmt zur richtigen Zeit bereitstellen.

PRAXIS-TIPP

Eine App unterstützt Sie zudem dabei, mit dem Neuzugang in Kontakt zu bleiben! Auch das Team kann schon vorab Kontakt aufnehmen und sich z.B. dem Neuen kurz über Mitarbeiter-Steckbriefe vorstellen.

Ein weiterer Vorteil: Da in der Zeit vor dem ersten Arbeitstag ganz unterschiedliche Informationen und handelnde Personen im Unternehmen gefragt sind, unterstützt eine solche App dabei, nichts zu vergessen. Die internen Workflows, die beim Onboarding-Prozess in den verschiedenen Abteilungen anfallen, werden automatisiert angestoßen und durchgesteuert und lassen sich über ein integriertes Aufgabenmanagement einfach überwachen.

HINWEIS
Eine Vorlage für Mitarbeiter-Steckbriefe finden Sie im Anhang.

Administrative Vorbereitungen

Es sollte selbstverständlich sein, dass der Onboardee an seinem ersten Arbeitstag einen komplett ausgestatteten Arbeitsplatz inkl. aller notwendigen Berechtigungen vorfindet. Wenn alle Formalitäten bis zum Arbeitsantritt erledigt sind, erhält der Neuzugang gleich einen positiven ersten Eindruck vom Unternehmen und hat das Gefühl, dass er erwartet und gebraucht wird.

Zu einer guten Vorbereitung bei HR gehören:

- **(Digitale) Personalakte** anlegen.
- Mitarbeiter in **Listen, Verteiler und Organigramme** eintragen. Damit zeigen Sie, dass er schon Teil des Teams ist.
- Wenn Sie regelmäßig einen **Welcome Day** organisieren, freuen sich Ihre neuen Mitarbeiter über eine persönliche Einladung, die Sie gerne auch schon vorab zuschicken können.
- Info über Jobstart im **Intranet** veröffentlichen.

Diese Aufgaben übernimmt die Führungskraft:

- **Arbeitsplatz** vorbereiten und komplett ausstatten (inkl. aller notwendigen IT-Berechtigungen und Zugänge für PC, E-Mail-Adresse, Telefon, Räume, Büromaterialien, Dienstwagen, Mobilgeräte, Schlüssel etc.).
- **Kleinigkeiten** erledigen: Z.B. Namensschild an der Bürotür, Firmenausweis und Parkberechtigung beantragen etc.
- Organisation und Team über den Start des Neuen **informieren**.

- Einen geeigneten **»Paten«** für die Einarbeitungsphase gewinnen.
- **Ersten Arbeitstag** vorbereiten.
- **Individuellen Einarbeitungsplan** zusammen mit dem Team vorab erarbeiten.

7.2 Orientierungsphase: Erster Arbeitstag und »Ankommen« im Unternehmen

Egal wo man neu anfängt, alles ist erstmal fremd. Bei einem Arbeitsplatzwechsel ist das nicht anders. Versetzen Sie sich in Ihren Mitarbeiter: Für ihn beginnt ein neuer Lebensabschnitt mit neuen Aufgaben, Kollegen, Vorgesetzten und Regeln. Zudem muss er seine Fähigkeiten erst noch beweisen und steht daher am ersten Tag regelrecht unter Druck. Gerade die Anfangszeit in einem Unternehmen ist eine kritische Phase für jeden Neuzugang. Unternehmen sind gut beraten, wenn Vorgesetzte und Kollegen den Start eines neuen Mitarbeiters aktiv unterstützen.

Ersten Arbeitstag positiv gestalten

Das Ziel eines gelungenen ersten Arbeitstages ist es, dass sich der neue Mitarbeiter mit einem netten Empfang willkommen fühlt und einen positiven ersten Eindruck vom Unternehmen, den Vorgesetzten und seinen neuen Kollegen bekommt.

> **HINWEIS**
> Nichts ist schlimmer, als wenn die Teamkollegen zum Jobstart keine Zeit für »den Neuen« haben und er sich überflüssig vorkommt. Der erste Arbeitstag des neuen Kollegen muss deshalb gut vorbereitet werden.

So kann dies gelingen:

- Ein **herzliches Willkommen:** Besondere Wertschätzung drückt der Vorgesetzte aus, wenn er den neuen Mitarbeiter an seinem ersten Arbeitstag persönlich am Empfang abholt. Lässt das seine Zeit nicht zu, sollte der Pate den Neuen pünktlich zur verabredeten Zeit begrüßen.
- **Einführung ist Chefsache:** Die erste Orientierung für die kommende Woche gibt der Chef in einem Einführungsgespräch.

Abb. Orientierung für den Onboardee

Danach stellt er dem neuen Kollegen den **Einarbeitungsplan**, seinen Paten und natürlich die Teamkollegen vor. Auch den ersten Firmenrundgang übernimmt üblicherweise der Chef und stellt den neuen Mitarbeiter auch dem erweiterten Kollegenkreis vor. Dies sollte möglichst dosiert stattfinden, damit der Neue die Chance hat, sich auch die Personen zu merken! Ein solches Vorgehen gibt ihm eine erste Orientierung bezüglich der neuen Firma und seinen kommenden Aufgaben und er lernt gleich die Menschen kennen, mit denen er künftig zusammenarbeiten wird.

- Die **erste Einweisung** am neuen Arbeitsplatz: Dies übernimmt meist der Pate, der in der nächsten Zeit den neuen Mitarbeiter betreut und als Ansprechpartner dient.
- Die **Mittagspause**: Nach diesen vielen neuen Eindrücken ist es Zeit für eine Pause: Der Pate und / oder das Team nimmt den neuen Mitarbeiter in der ersten Zeit zum Mittagessen mit. Falls es feste Zeiten für die Kaffeepausen gibt, wird er auch hier gleich von Anfang an integriert.
- Der erste produktive **Arbeitsauftrag**: Idealerweise beginnt der Onboardee am Nachmittag mit seinem ersten Arbeitsauftrag. Vorgesetzter und Team müssen dazu schon im Vorfeld überlegen, welche

Aufgabe dem Können des Neuen entspricht und welche er ohne große Einarbeitung auch schon am ersten Arbeitstag abschließen kann. Gerade am Anfang ist es wichtig, dass er sich produktiv einbringen kann, um schon von Anfang an das Gefühl zu haben »gebraucht« zu werden.

- Gibt es am ersten Tag noch kein »Kleinprojekt«, könnte der neue Kollege bei seinem »Paten« **mitlaufen** und diesen bei dessen Arbeit unterstützen.

- **Abschlussgespräch**: Es ist ratsam, dass der Vorgesetzte am Ende des ersten Arbeitstages auf jeden Fall Zeit für ein kurzes Feedback-Gespräch einplant. Welche Fragen sind bei dem neuen Teammitglied offengeblieben? Wie waren seine Eindrücke des ersten Tages? Haben sich seine Erwartungen erfüllt? Der Vorgesetzte gibt einen Ausblick, wie die konkrete Einarbeitungsphase in den nächsten Tagen ablaufen wird und bespricht die Termine der nächsten Tage. Der Neueinsteiger erhält damit eine wichtige Orientierung für die nächste Zeit. Im Abschlussgespräch des ersten Arbeitstages können zudem in aller Ruhe auch die Ergebnisse des ersten kleinen Arbeitsauftrags besprochen werden.

HINWEIS
Eine Checkliste für den perfekten ersten Arbeitstag finden Sie im Anhang.

Welcome Day

In größeren Unternehmen finden üblicherweise in den ersten Wochen Begrüßungsveranstaltungen für alle Mitarbeiter statt, die ungefähr zeitgleich neu anfangen. Bei diesen Onboarding-Events lernen die neuen Mitarbeiter das Unternehmen, einzelne Standorte und andere neue Kollegen kennen.

Vorrangig geht es darum, Kontakte zu knüpfen, aber auch, sich mit Prozessen, Nachbarabteilungen, der Unternehmenskultur und mit den Arbeitsweisen des Unternehmens vertraut zu machen. Vertreter aus den einzelnen Bereichen stellen ihre jeweiligen Abteilungen mit den wichtigsten Aufgaben vor.

Dazu eignen sich neben den klassischen Präsentationen auch Marktplatzstände oder kleinere Kurz-Workshops, damit sich die Neulinge ganz ungezwungen einen Überblick über die verschiedenen Tätigkeitsfelder, Bereiche oder Standorte verschaffen und miteinander ins Gespräch kommen können.

Der große Vorteil dieser Events ist, dass neue Mitarbeiter die wichtigsten Ansprechpartner anderer Units kennenlernen und auch schon erste Kontakte mit ebenfalls neuen Kollegen knüpfen.

HINWEIS
So manche Kontakte für spätere abteilungsübergreifende Projektarbeiten werden bei diesen Onboarding-Events geschlossen. So fördert die Firma schon zu Beginn das Networking über Abteilungsgrenzen hinaus.

Tipps für ein erfolgreiches Onboarding-Event:

- **Location**: Klären Sie zunächst die Veranstaltungsgröße. Wie viele neue Mitarbeiter sind es? Sollen Mitarbeiter aller Standorte zusammenkommen? An welchem Standort macht es am meisten Sinn? Soll das Event ganz losgelöst aus dem Unternehmenskontext eher in einer speziellen Eventlocation stattfinden? Hier sind viele Möglichkeiten denkbar und es gibt auch kein Richtig oder Falsch. Überlegen Sie sich, was am besten zu Ihrem Unternehmen und Ihrer Unternehmenskultur passt.

- **Teilnehmer**: Die Regelmäßigkeit eines Welcome Days hängt stark von der Unternehmensgröße und Einstellungsquote ab. In größeren Unternehmen findet dies regelmäßig statt. Zu definieren ist, wie viele neue Mitarbeiter gleichzeitig teilnehmen sollen.

PRAXIS-TIPP
Es empfiehlt sich, nicht mehr als 30 neue Mitarbeiter gleichzeitig zu empfangen, da der Netzwerk-Gedanke bei der Veranstaltung im Vordergrund stehen sollte und dies bei großen Gruppen oftmals schwieriger ist.

- **Termin**: Bei der Terminauswahl sollten Sie berücksichtigen, dass die Onboardees bereits im Unternehmen aktiv sind, ihr Eintrittstermin allerdings noch nicht zu lange her ist. Findet das Event zu früh oder direkt am ersten Arbeitstag statt, können sich Neulinge schnell überrollt fühlen. Findet es zu lange nach dem Firmeneintritt statt, besteht die Gefahr, dass sich der Neueinsteiger langweilen könnte, da ihm bereits viele unternehmensrelevante Themen vertraut sind.

- **Programm**: Bei einem Welcome oder Onboarding Day geht es auch darum, eine Gesamtübersicht über die Organisation zu präsentieren und die neuen Mitarbeiter über die wichtigsten Unternehmensprozesse und -projekte aufzuklären. Nichtsdestotrotz sollten langatmige Vorträge vermieden werden, schließlich soll der Tag bei allen Beteiligten positiv in Erinnerung bleiben – als ein Event, an das man sich gerne erinnert. Machen Sie sich stattdessen eher Gedanken darüber, wie das Ganze etwas spielerischer vermittelt werden kann. Ein Konzept mit Marktständen oder Kleingruppen ist in der Regel sinnvoller als viele Vorträge vor der gesamten Runde.

- **Incentives**: Willkommensgeschenke zum ersten Arbeitstag oder beim Welcome Day sind bei Onboarding-Veranstaltungen beliebt – insbesondere gebrandete Incentives. Von T-Shirts über Kaffeebecher oder Trinkflaschen bis hin zu elektronischen Devices ist hier vieles denkbar. Denn Incentives erinnern noch lange an den gemeinsam erlebten Start. Setzen Sie sich doch mit Ihrer Marketing-Abteilung in Kontakt und überlegen Sie sich gemeinsam ein sinnvolles Willkommenspaket.

- **Feedback**: Nach der Onboarding-Veranstaltung sollten Sie nachfragen: Was hat den neuen Kollegen gefallen? Wo gibt es Verbesserungspotenzial? Was für Onboarding-Ideen, Vorschläge und Wünsche haben die neuen Mitarbeiter? Optimalerweise können Sie die Rückmeldungen direkt digital, bspw. in einer Onboarding App abfragen. Dieses wertvolle Feedback aus erster Hand hilft Ihnen, um das nächste Onboarding-Event zu organisieren und zu verbessern.

WICHTIG

Wertschätzend für alle neuen Mitarbeiter ist es auch, wenn die Geschäftsführung des Unternehmens beim Welcome Day präsent ist und sich für eine Fragerunde Zeit nimmt. Das zeigt, wie wichtig die neuen Mitarbeiter für das Unternehmen sind, schließlich sind es die Mitarbeiter, die die Zukunft des Unternehmens prägen, gestalten und erfolgreich machen.

Auch bei regelmäßig veranstalteten Onboardee-Networking-Circles oder Stammtischen können sich neue Mitarbeiter gut mit anderen vernetzen.

7.3 Fachliche Einarbeitung & soziale Integration

7.3.1 Fachliche Einarbeitung

Einarbeitungsplan & erste Arbeitsaufgaben

Aus dem Anforderungsprofil entwickelt sich in der Regel die konkrete Stellenausschreibung und dient dazu, um den geeignetsten Kandidaten auszuwählen. Damit ist dem neuen Mitarbeiter klar, welche Kompetenzen er für die neue Stelle braucht und welche Aufgaben ihn erwarten.

Auf Basis dieser geforderten Kompetenzen gleicht der Vorgesetzte die vorhandenen Fähigkeiten des neuen Mitarbeiters ab. Dadurch wird schon im Vorfeld deutlich, wo der neue Kollege noch Schulungsbedarf hat. Anhand der zukünftigen Aufgaben erstellt der Vorgesetzte vor dem Arbeitsantritt des Neueinsteigers zusammen mit dem Team einen **fachlichen Einarbeitungsplan** und definiert die Lernziele für die ersten Wochen.

HINWEIS

Ein Muster eines Einarbeitungsplans für neue Mitarbeiter finden Sie im Anhang.

WICHTIG

Der Einarbeitungsplan ist das Herzstück der fachlichen Einarbeitung! Die hier festgelegten Meilensteine müssen konsequent umgesetzt und regelmäßig überprüft werden. Anhand der Aufgaben und definierten Arbeitsziele sollten Vorgesetzte und Mitarbeiter gemeinsam überlegen, welche Schulungsmaßnahmen noch nötig sind, um diese Ziele erreichen zu können.

Ein Einarbeitungsplan enthält idealerweise folgende Punkte:

- **Administrative Vorbereitung für den Start des Neuen**: Gibt es noch offene Punkte?
- **Persönliche Vorstellung:** Planen Sie hier die persönliche Vorstellungsrunde und legen Sie fest, wann der neue Kollege die wichtigsten Ansprechpartner und Kollegen aus anderen Fachbereichen kennenlernen soll.
- Planung der betrieblichen **Einarbeitungsmaßnahmen** wie z.B. Einführungskurse, Softwareschulungen und Vorstellung des Produktportfolios, Sicherheitseinweisungen etc. Legen Sie hier fest, welche Kollegen diese Maßnahmen zu welchem Zeitpunkt durchführen.
- **Definieren Sie konkrete Aufgaben, Projekte und Arbeitsziele** für die ersten sechs Monate. Legen Sie auch fest, wann und wie Sie diese regelmäßig überprüfen.
- Planen und terminieren Sie regelmäßige **Mitarbeitergespräche**.
- Legen Sie konkrete Lerneinheiten für den **Kompetenzaufbau** fest, z.B. durch Seminare, Schulungen und sonstige Weiterbildungsmaßnahmen.
- Definieren Sie einen **Review**-Termin, an dem Sie die Zielerreichung überprüfen.

Erreicht der Neuling einzelne Lernziele oder -etappen nicht, muss die Führungskraft nach den Ursachen forschen und konstruktive Lösungen entwickeln, um Defizite möglichst schnell auszugleichen. Denn am Ende der Probezeit muss der Chef entscheiden, ob er den neuen Mitarbeiter übernimmt oder nicht. Wenn der Einarbeitungsplan konsequent umgesetzt und die Meilensteine überprüft wurden, unterstützt der Plan bei dieser Entscheidung.

HINWEIS

Wie lange die Einarbeitungsphase insgesamt dauert, unterscheidet sich stark je nach Tätigkeit und Unternehmen. Während bei manchen Jobs schon wenige Wochen ausreichen, erfordern andere Tätigkeiten längere Einarbeitungszeiten, um selbständig arbeiten zu können.

Gibt es ähnlich gelagerte Stellenprofile, eignen sich standardisierte Einarbeitungspläne. Für Spezialisten oder Führungskräfte sollten hingegen immer individuelle Pläne entwickelt werden. Es ist sinnvoll, wenn nicht nur die Führungskraft den Einarbeitungsplan erstellt: Beziehen Sie deshalb zukünftige Kollegen in die Entwicklung des Einarbeitungskonzepts mit ein.

Feedback Loop: Regelmäßige Gespräche und Feedback in der Probezeit

In den regelmäßigen **Mitarbeitergesprächen** während der Probezeit stellt die Führungskraft die Weichen für die künftige top Performance des Onboardees. Hier vereinbart der Vorgesetzte mit dem Mitarbeiter Aufgaben und Ziele und bespricht die bisherigen Arbeitsergebnisse. Auch weitere Entwicklungsmaßnahmen und eventuelle Konflikte lassen sich dabei klären. Dank dieser regelmäßigen Gespräche und Feedback Loops begleitet die Führungskraft den Neuzugang zugleich als Coach und prüft, ob er die vereinbarten Ziele erreicht und notwendigen Kompetenzen erworben hat. Auf dieser Basis entscheidet er fundiert, ob er das neue Teammitglied nach der Probezeit übernehmen will. Für eine gute Kommunikation in der Einarbeitungsphase und in den Mitarbeitergesprächen ist eine **offene Feedback-Kultur** wichtig. Vorgesetzte begleiten ihr neues Teammitglied durch professionelles, regelmäßiges Feedback, um ihm so frühzeitig und kontinuierlich eine Rückmeldung zu seinen Arbeitsergebnissen zu geben, denn niemals sind Mitarbeiter so sehr auf **Feedback** angewiesen wie in ihrer Anfangszeit im neuen Unternehmen. Sie können noch nicht wissen, wie die ungeschriebenen Gesetze im Unternehmen lauten, welche Prozesse wie organisiert sind, welche Entscheidungswege einzuhalten sind etc.

Feedback ist eine konstruktive Rückmeldung, die der Neueinsteiger vom Feedbackgeber zu seinem Verhalten und seinen Arbeitsergebnissen bekommt. Feedback sollte:

- **beschreibend** – nicht bewertend oder interpretierend,
- **konkret** – nicht verallgemeinernd oder pauschal,
- **realistisch** – nicht utopisch,
- **unmittelbar** – nicht verspätet,
- **wertschätzend** – nicht von oben herab sein.

Führungskräfte, Pate UND Kollegen stehen in der Pflicht, den neuen Kollegen mit konstantem Feedback – auch zu seinem Verhalten – zu versorgen. Nur so erhält er eine verlässliche Rückmeldung und bekommt gespiegelt, wie er auf andere wirkt.

Das ist leider noch nicht sehr verbreitet: Bei einem knappen Drittel der Umfrageteilnehmer gibt es keine strukturierten Feedback-Gespräche mit neuen Mitarbeitern[13].

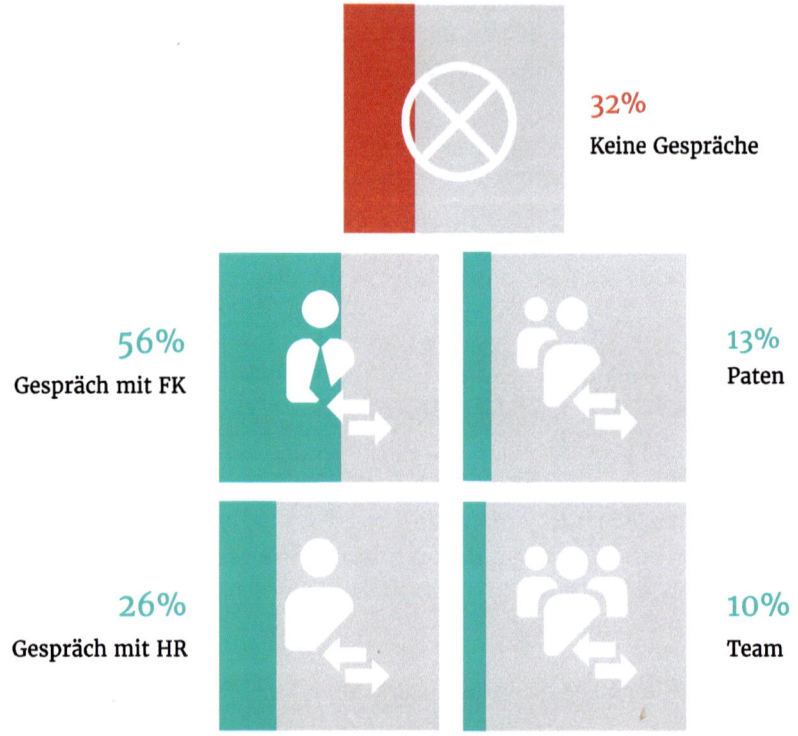

Abb. Feedback-Gespräche wenig verbreitet. Quelle: Haufe Onboarding-Umfrage 2019

Gute Feedback-Möglichkeiten bieten sich z.B.:
- im Zusammenspiel mit Einarbeitungseinheiten,
- im Anschluss an erfolgte Schulungen,

---
13 Haufe Onboarding-Umfrage 2019.

- bei der Durchsprache von Arbeitsergebnissen,
- nach Meetings als »Blitzlicht« (z.B. bei Team-, Projekt- oder Planungsrunden),
- ad hoc (bei konkretem Anlass),
- als Wochen- oder Monatsfeedback (z.B. »Freitagsfeedback«) entweder themen-, produkt- oder prozessbezogen oder im Blick auf die allgemeine Zusammenarbeit an.

Übrigens: Feedback ist ein Geschenk, für das ein »Danke« immer wertgeschätzt wird.

WICHTIG

Bieten Sie nicht nur Feedback an, sondern fordern Sie es auch proaktiv vom neuen Mitarbeiter ein. Bei diesen Feedback Loops erfahren Sie, ob Sie die Einarbeitungsphase sinnvoll gestalten und wo Sie den Onboarding-Prozess insgesamt noch verbessern können!

In der Realität tun dies noch viel zu wenige: Immerhin über die Hälfte (56%) der Umfrageteilnehmer[14] erkundigen sich NICHT nach den Onboarding-Erfahrungen ihrer Neueinsteiger und haben auch keine definierten Prozesse, um dieses wichtige Feedback einfließen zu lassen. Anscheinend lassen diese Unternehmen diese wichtige Rückkopplungsmöglichkeit ungenutzt verstreichen.

---

14 Haufe Onboarding-Umfrage 2019.

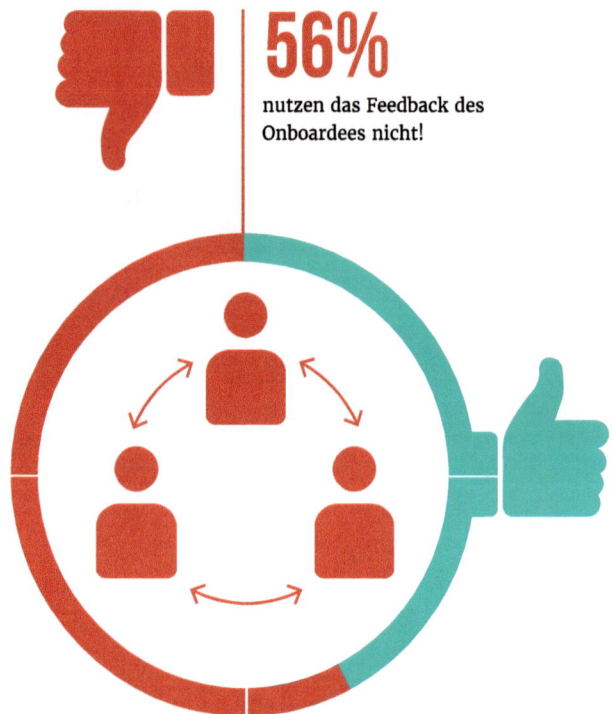

Abb. Feedback der Onboardees hilft, den Prozess zu verbessern. Quelle: Haufe Onboarding-Umfrage 2019

PRAXIS-TIPP

Terminieren Sie die regelmäßigen Mitarbeiter- und Feedbackgespräche bereits im Einarbeitungsplan. Binden Sie hier auch Kollegen und den Paten mit ein, denn Ihr Blick als Führungskraft auf Leistung und Verhalten des neuen Mitarbeiters mag von dem der Kollegen abweichen! Auf ein Feedbackgespräch sollten Sie sich immer gut vorbereiten und die Feedback-Regeln beachten.

HINWEIS

Die Feedback-Regeln haben wir im Anhang nochmals übersichtlich dargestellt und zusammengefasst.

7.3.2 Soziale Integration

Um neue Mitarbeiter schnell in vorhandene Strukturen integrieren zu können, müssen sie sich vor allem im neuen Team und im Unternehmen wohlfühlen. Dieses »Ankommen« und »Wohlfühlen« kann ein Pate unterstützen.

Der Pate als Feelgood Manager
Der Pate ist der Starthelfer in der Anfangsphase, der bei allen Fragen mit Rat und Tat zur Seite steht. Die Aufgaben eines Paten sind z.B.:

- **Ins Team integrieren**: Der Pate spielt als »sozialer Kümmerer« eine sehr wichtige Rolle. Falls es gemeinsame Aktivitäten außerhalb der Arbeitszeit gibt, wie z.B. gemeinsames Joggen in der Mittagspause oder regelmäßige Sportaktivitäten, ist es Aufgabe des Paten den Onboardee ebenfalls dazu einzuladen und ihn zum Mittagessen an den Tisch zu bitten – er kennt schließlich noch niemanden in der neuen Firma.

- **Übergreifende Kontakte & Vernetzung herstellen**: Mittagessen und Kaffeepausen lassen sich auch dazu nutzen, das neue Teammitglied weiteren Kollegen aus anderen Bereichen vorzustellen. Dies verhilft ihm schon zu ersten abteilungsübergreifenden Kontakten und gibt ihm die Möglichkeit, sich intern zu vernetzen.

- **Betriebliche Abläufe erläutern**: Der Pate erläutert dem Neuzugang die internen Abläufe und Prozesse und vermittelt die wichtigsten Regeln. Bei allen Fragen steht er mit Rat und Tat als Ansprechpartner zur Seite.

- Oft unterstützt er auch bei der **fachlichen Einarbeitung** in die wichtigsten Aufgaben. Allerdings wird die Einarbeitung in der Praxis meist auf mehrere Personen verteilt, je nach Aufgabengebiet und fachlichem Können.

Abb. Integration ins neue Team

PRAXIS-TIPP

Die Patenschaft unterstützt die soziale Integration. Wichtig ist allerdings, dass der Vorgesetzte dem Paten genügend Zeit für diese Aufgabe einräumt. Im Kapitel 4.4 finden Sie Hinweise, welche Eigenschaften ein Pate mitbringen sollte und wer sich dafür eignet.

Probleme bei der Integration

Viele Integrationsschwierigkeiten lassen sich bereits durch die o.g. präventiven Maßnahmen vermeiden. Sollten diese jedoch nicht greifen, müssen Fachvorgesetzte und HR schnell und zielgerichtet reagieren, um entweder die Probezeit doch noch als Erprobungsphase für alle Seiten nutzen zu können oder rechtzeitig die Notbremse zu ziehen – sprich: den Neueinsteiger nicht zu übernehmen und vorzeitig zu kündigen.

Es ist daher wichtig, dass die Führungskraft realisiert, dass die Einarbeitung nicht nach Plan verläuft, z.B. durch

- **Beobachtung,**
  - regelmäßige **Mitarbeitergespräche,**

- nachhalten des **Einarbeitungsplans** und
- Einholen von **Feedback** bei Kollegen.

Es ist es die Aufgabe der Führungskraft, durch Gespräche und Beobachtung herauszufinden, welche Gründe vorliegen. Auch ungeklärte, langwierige Konflikte wirken sich negativ auf die Performance des gesamten Teams aus und können die soziale Integration eines neuen Kollegen negativ beeinflussen.

Wichtig ist daher, dass Vorgesetzte eine offene Kommunikationskultur pflegen:

- **Konflikte** im Team offen ansprechen, ggf. Einzelgespräche anbieten,
- **Nachfragen** zulassen,
- immer ein **offenes Ohr** für alle Beteiligten haben.

Je mehr Zeit bleibt, um die Probleme zu lösen, bevor die Probezeit vorbei ist, desto besser. Dabei sollte eine Regel immer beherzigt werden: Bei berechtigten Zweifeln, ob der Neue der Richtige ist – immer kündigen! Die Übernahme aus der Probezeit ist eine Investition von enormer Tragweite und sollte nur erfolgen, wenn sich der Mitarbeiter auch wirklich bewährt hat und ins Team passt.

WICHTIG

Sollte es tatsächlich gravierende Schwierigkeiten bei der fachlichen und / oder sozialen Integration des neuen Mitarbeiters geben, sollten Vorgesetzte die Schwierigkeiten offen und transparent benennen. Dies ist ein Gebot der Fairness, aber auch das einzig erfolgversprechende Mittel, die Fehlentwicklung noch ins Positive drehen zu können. Der Onboardee MUSS wissen, an welchen Punkten die Einarbeitung aus Sicht des Unternehmens stockt. Die Führungskraft hat die Aufgabe, dem neuen Mitarbeiter unnötige Ängste zu nehmen, die ihn bei der gemeinsamen Lösungssuche blockieren könnten.

HINWEIS

Einen übersichtlichen Notfallplan bei Schwierigkeiten bei der fachlichen und / oder sozialen Integration ins Team finden Sie im Anhang.

7.4 Übernahme oder nicht?

Am Ende der Probezeit muss der Vorgesetzte entscheiden, ob er den neuen Teamkollegen übernehmen will. Diese Entscheidung will gut überlegt sein, schließlich hat sie längerfristige Auswirkungen.

PRAXIS-TIPP

Holen Sie dazu Beurteilungen durch Dritte ein, die mit dem neuen Teammitglied während der Probezeit zusammengearbeitet haben (z.B. 360-Grad-Feedback).

Bei der 360-Grad-Methode beurteilen Sie den neuen Kollegen aus unterschiedlichen Perspektiven: aus dem Blickwinkel des Vorgesetzten, der Kollegen (auch abteilungsübergreifend), der Teammitglieder und eventuell auch Ihrer Kunden.

Eine Entscheidung für die Übernahme bedeutet für das Unternehmen eine langfristige Bindung. Experten raten nur dann zugunsten des Mitarbeiters zu entscheiden, wenn sie von der Passung

- der **fachlichen und sozialen Kompetenz** des Neueinsteigers,
- mit der bestehenden **Unternehmenskultur** (Stichwort Cultural Fit) und
- mit dem **Team** überzeugt sind

oder ein gesichertes Entwicklungspotential dorthin beim Onboardee sehen. Am besten ist es, wenn der Vorgesetzte die Passung mit dem Paten und dem Vertreter der Personalabteilung mindestens sechs Wochen vor Ende der Probezeit diskutiert. Spätestens im letzten Gespräch in der Probezeit teilt er dem Mitarbeiter mit, ob er übernommen wird – je eher desto fairer. Das Gespräch sollte – unabhängig von der Entscheidung – wertschätzend und konstruktiv verlaufen. Denken Sie dabei an Ihr Arbeitgeberimage!

HINWEIS

Eine Vorlage für Probezeitgespräche finden Sie im Anhang.

8 Besondere Formen des Onboardings

8.1 Onboarding von Young Talents

Auch bei Young Talents (Azubis, Trainees, Werkstudenten und Berufseinsteiger) wird das Onboarding immer wichtiger – nicht zuletzt deshalb, weil geeignete Experten schwer zu finden sind und Unternehmen daher entsprechende Stellen gerne mit selbst ausgebildeten Nachwuchskräften besetzen. Um Young Talents erfolgreich zu integrieren, muss sich das Onboarding flexibel an deren besondere Bedürfnisse anpassen.

Abb. Young Talents einbinden

8.1.1 Beziehung zum Azubi stärken

Laut einer Studie des Deutschen Industrie- und Handelskammertags (DIHK) bleiben in jedem dritten Betrieb Ausbildungsplätze unbesetzt[15], weil sich nicht genügend geeignete Bewerber finden.

Unternehmen sind also gut beraten, wenn sie sich intensiv um die vorhandenen und (künftigen) Azubis bemühen und sie möglichst schnell ins Unternehmen integrieren, denn auch dies spricht sich unter den jungen Leuten schnell herum. Diese Mund-zu-Mundpropaganda wirkt sich wiederum positiv auf das Image des Unternehmens aus und wirbt weitere potenzielle Azubis an: Ein wichtiger Fakt, da sich gerade junge Menschen meist sehr lokal orientieren und vor Ort nach Ausbildungsmöglichkeiten suchen.

Unternehmen können also punkten, indem sie gute Beziehungen zu ihren Azubis aufbauen und pflegen. Dies bindet die jungen Leute an das Unternehmen und minimiert das Risiko, dass ein neu abgeschlossener Vertrag vorzeitig gelöst wird.

Soziale Netzwerke nutzen
Die Generation Z ist auf jeden Fall eines: vernetzt. Sie chatten, diskutieren, suchen und tauschen online Informationen aus. Und geben ihre Erfahrungen über ihre Bewerbungen und den Ausbildungsbetrieb natürlich auch weiter. Hat ein junger Mensch seinen Ausbildungsvertrag unterschrieben, ist er auch bereit, sein Netzwerk für die Firma zu öffnen. Dies können Unternehmen nutzen, indem sie selbst Teil dieses Netzwerkes werden.

Auch bei den künftigen Azubis startet die Integration optimalerweise ebenfalls vor dem eigentlichen Ausbildungsbeginn, ist doch bei dieser Zielgruppe die Unsicherheit in Anbetracht dessen, dass sie Neulinge in der Arbeitswelt sind, besonders groß. Mit den Jugendlichen kommen Unternehmen am einfachsten in den sozialen Netzwerken ins Gespräch.

---

15 https://www.dihk.de/resource/blob/11436/a34c93fa0d1ea9989fe37a357e9bd3dc/dihk-ausbildungsumfrage-2018-data.pdf.

PRAXIS-TIPP

Es bietet sich an, die Neuzugänge schon vor dem Start in die betrieblichen **sozialen Netzwerke** wie Instagram, Facebook etc. einzuladen.

Gerade bei jungen Leuten punkten Unternehmen zudem mit digitalen Onboarding Apps oder einem **»Azubi-Portal«**, bei dem die älteren Azubi-Jahrgänge ihre Erfahrungen den künftigen Azubis weitergeben und bei Fragen weiterhelfen können. Gerade dafür liefern die jetzigen Azubis wertvolle Hinweise: Was fanden diese damals zum Ausbildungsbeginn hilfreich? Was hätten sie sich gewünscht?

Spezielle Veranstaltungen für Azubis

Bei eigens organisierten **Azubi-Veranstaltungen** vorab oder kurz nach dem Start können die Neuzugänge das Unternehmen, ihre Betreuer und die älteren Azubis kennenlernen. Einzelne Präsentationen, vielleicht sogar von Auszubildenden höherer Ausbildungsjahre, gepaart mit erlebnispädagogischen Spielen erleichtern den Einstieg in die Ausbildung und helfen dabei, die Neulinge auf die künftigen Anforderungen vorzubereiten. Und am ersten Ausbildungstag begrüßt dann schon so manches bekanntes Gesicht den »Neuling«.

PRAXIS-TIPP

Besonders wertgeschätzt fühlen sich junge Menschen, wenn sich die Geschäftsleitung, der Personalleiter oder andere »hochrangige« Personen im Unternehmen mit den neuen Auszubildenden zusammensetzen oder sie zumindest im Rahmen eines Welcome Days kurz begrüßen.

Ältere Azubis einspannen

Die letztjährigen Azubis sind die besten Botschafter für das Unternehmen. Gezielte **Patenprogramme** unterstützen zudem dabei (»Azubis betreuen die künftigen Azubis«), den Neuzugängen Ängste oder Unsicherheiten zu nehmen. Es bietet sich hierbei an, dass Azubis aus dem zweiten oder dritten Ausbildungsjahr dabei als Paten fungieren. Sie kennen die Herausforderungen der Neueinsteiger am besten, da sie erst vor kurzem selbst in der gleichen Situation waren.

Darüber hinaus ist es gerade zu Ausbildungsbeginn für die neuen Auszubildenden wichtig, alle Regeln zu kennen wie z.B. tarifvertragliche Regelungen, Betriebsvereinbarungen oder Regelungen, wie sich der Auszubildende richtig krankmeldet, wie der Umgang mit Schulnoten ist u. v. m. Auch dafür haben sich Apps und spezielle Portale und Patenprogramme unter Azubis bewährt.

Qualifizierte Betreuung der Auszubildenden
Auszubildende brauchen einen festen Ansprechpartner bei HR, der die Ausbildung plant und sich um alle organisatorischen Fragen kümmert. In der Regel ist er auch derjenige, der die Azubis auswählt, einstellt und mit dem Unternehmen vertraut macht und sie während ihrer Ausbildung unterstützt und professionell begleitet.

Der Ausbilder hat daher einen großen Einfluss darauf, wie Azubis in ihrem Ausbildungsbetrieb »ankommen« und sich integrieren, schließlich kümmert er sich auch um deren Lernphasen in den einzelnen Fachabteilungen.

Diese Onboarding-Aufgaben hat der Ausbilder:

- Er wählt die Azubis aus, führt die Auswahlgespräche und stellt sie meist auch ein.

- Er erarbeitet einen Ausbildungsplan und kümmert sich um die Zusammenarbeit mit den einzelnen Ausbildungsstationen im Betrieb. Er sorgt damit »vor Ort« für das qualifizierte Lernen in den Abteilungen und kümmert sich damit um motivierende Rahmenbedingungen und die Integration des Azubis in den einzelnen Abteilungen und vermittelt die entsprechenden Kontakte.

- Gibt es für die Wissensvermittlung auch spezielle Azubi-Projekte, unterstützt der Ausbilder das selbstbestimmte und selbstorganisierte Lernen der Azubis untereinander. Der Ausbilder wird damit auch zum Organisator, Lernberater, Vermittler und Moderator.

PRAXIS-TIPP

Ein guter Ausbilder sollte natürlich fachlich kompetent und berufserfahren sein. Er soll den neuen Azubis ja schließlich fachliche Inhalte und auch die jeweiligen Herausforderungen des Berufes vermitteln können.

Zudem sollte er als Schnittstelle zu den Azubis hilfsbereit und verantwortungsbewusst sein und Freude daran haben, Fachwissen zu vermitteln und weiterzugeben.

Ganz wichtig ist es auch, dass es sich dabei um eine kommunikative Persönlichkeit handelt, die junge Menschen zum Lernen motivieren kann, alle notwendigen Kontakte vermittelt, aber auch angemessenes Feedback gibt und alle gerecht behandelt.

Betreuung und Integration in die Fachabteilungen

Azubis nehmen ihre Ausbildung als Ganzes wahr, daher benötigen auch die Einsätze in den Fachabteilungen viel Aufmerksamkeit und Planung: Die einzelnen Ausbildungsbeauftragten in den Fachabteilungen sollten auf den Einsatz und die Integration der Azubis vorbereitet werden.

In Schulungen ist es sinnvoll, die Rolle der Ausbildungsbeauftragten zu besprechen und zu definieren und auch zu vermitteln, wie diese die Auszubildenden integrieren und fachlich anweisen. Auszubildende unterscheiden sich in der Führung von »berufserfahrenen« Mitarbeitern dadurch, dass sie kaum Vorkenntnisse haben und daher mehr Anleitung brauchen.

Ziel muss sein, dass die Mitarbeiter in den Fachabteilungen dem Auszubildenden möglichst schon ab dem ersten Tag seines Einsatzes das Gefühl geben, willkommen zu sein und auf seine Unterstützung zu warten. Für Auszubildende ist es in der Regel wichtig, »schnell und gewinnbringend« eingesetzt zu werden.

Hier bietet es sich daher an, **Aufgaben zu sammeln**, die der Auszubildende eventuell zu einem vorgegebenen Zeitpunkt bearbeitet haben muss oder die »zwischendurch« bearbeitet werden können, und ihn quasi vom ersten Tag an aktiv mitarbeiten zu lassen.

HINWEIS
Bei der Aufgabenerteilung sollten die Verantwortlichen darauf achten, welche fachlichen Voraussetzungen erforderlich sind und in welchem Ausbildungsstadium die Aufgaben voraussichtlich erledigt werden können.

Darüber hinaus kann die Fachabteilung **Themen sammeln**, bei denen der Azubi eine Unterweisung benötigt. In einem detaillierten **Aufgabenplan** sollten die einzelnen Themen, die Dauer und die Ansprechpartner festgehalten sein.

PRAXIS-TIPP

Mit dem Auszubildenden können Sie vereinbaren, welche Themen er sich wann aneignet – so werden seine Schlüsselqualifikationen gefördert und er selbst steht in der Verantwortung, dass er sich bis zum Ende des Ausbildungsabschnitts in dieser Abteilung alle entsprechenden Themen angeeignet hat.

Lernen und Lehren 4.0

Die Wirtschaft 4.0 muss sich auch bei der Wissensvermittlung attraktive Angebote überlegen, um sich einerseits beim Azubi-Recruiting gegen die Konkurrenz zu behaupten, aber andererseits auch, um ihren Lehrlingen die notwendigen Kompetenzen für die Zukunft zu vermitteln.

Gerade Azubis schätzen es, wenn die Firmen neue Wege bei der Wissensvermittlung gehen und dazu auch bereit sind, das Lernen über die üblichen Hierarchien hinaus zu fördern und sie dabei unterstützen, sich übergreifend zu vernetzen.

Studien zufolge haben daher heute schon 51% der Unternehmen abteilungsübergreifende Azubi-Projekte aufgesetzt, um das interdisziplinäre Arbeiten, die Vernetzung und das selbstständige Handeln zu stärken. Bei 40% der Unternehmen werden zunehmend Zusatzqualifikationen zur Vermittlung von IT-Kenntnissen oder zur Stärkung von persönlichen Fähigkeiten für die Arbeit 4.0 in die Ausbildung integriert[16].

8.1.2 Trainees als Führungskräfte von morgen einbeziehen

Trainee-Programme sind bewährte Instrumente der strategischen Personalentwicklung, um Hochschulabsolventen mittels einer firmenspe-

---

16 https://www.dihk.de/resource/blob/11436/a34c93fa0d1ea9989fe37a357e9bd3dc/dihk-ausbildungsumfrage-2018-data.pdf.

zifischen Ausbildung den Einstieg in ein Unternehmen zu erleichtern. Neben Hochschulabsolventen, die direkt nach ihrem Studium einsteigen, können auch Berufserfahrene und Quereinsteiger ein Trainee-Programm absolvieren, das meist zwischen sechs Monaten und zwei Jahren dauert.

Die Unternehmen versprechen sich dadurch, den dringend benötigten Fach- und Führungskräftenachwuchs selbst auszubilden und durch ein qualitativ gutes Nachwuchsprogramm langfristig an das Unternehmen zu binden.

Durch den fließenden Übergang können die Trainees rasch in eine verantwortungsvolle Position einsteigen.

Trainees in den Fachabteilungen einbinden
Trainees durchlaufen wie Azubis meist eine praktische »Ausbildung« in verschiedenen Stationen im Unternehmen, um sie auf spätere Fach- oder Führungsaufgaben vorzubereiten.

Diese Job-Rotation ist ideal, um den Trainees die Gesamtzusammenhänge im Unternehmen zu vermitteln. Diese vielfältigen Einblicke kommen ihnen später als Fach- oder Führungskraft zugute, um die Gesamtinteressen des Unternehmens berücksichtigen zu können.

An den einzelnen Stationen unterstützen die Trainees die Teams beim Tagesgeschäft und dürfen meist auch kleinere Projekte eigenverantwortlich durchführen.

Um Trainees erfolgreich in ein Unternehmen zu integrieren, eignen sich im Prinzip ähnliche Methoden wie bei den Azubis unter Punkt 8.1.1 beschrieben.

Wichtig sind

- eine **qualifizierte Betreuung** der Trainees und Ansprechpartner durch HR, der auch die Kontakte zu den Fachabteilungen herstellt,
- ein erfahrener **Mentor**, der den Trainees jederzeit bei Fragen zur Seite steht und auch bei Führungsaufgaben unterstützt (siehe auch Kapitel 9),

- ein ausgearbeiteter **Einsatzplan** in den Abteilungen,
- fachliche **Unterstützung** und umfangreiche Einblicke in die Arbeitsweise in den Fachabteilungen (z.B. durch Abteilungsleiter),
- Treffpunkte und **Austauschmöglichkeiten** für Trainees (z.B. Trainee-Buddy aus einem der letzten Trainee-Jahrgänge, Trainee-Stammtisch für die Vernetzung etc.),
- spezielle Workshops und Seminare zur **Wissensvermittlung** für Trainees, um sich fachlich, methodisch und persönlich weiterzubilden.

Die Trainees schätzen diese speziellen Programme im Vergleich zum Direkteinstieg vor allem deshalb, weil sie hier meist umfassend betreut werden und tiefere Einblicke in ein Unternehmen bekommen. Nicht selten stehen außerdem Auslandsaufenthalte auf dem Programm, so dass die Trainees früh internationale Erfahrungen sammeln können.

8.1.3 Werkstudenten

Werkstudenten arbeiten in Unternehmen, um neben ihrem Studium Geld zu verdienen und gleichzeitig erste Praxiserfahrungen zu sammeln. Ihre Arbeitszeit darf dabei 20 Stunden pro Woche während der Vorlesungszeit nicht überschreiten, in den Semesterferien dürfen sie unter bestimmten Bedingungen auch länger arbeiten. In der Regel ist ihr Wochenpensum jedoch geringer, da sie gleichzeitig noch studieren und sich auf Prüfungen vorbereiten müssen.

PRAXIS-TIPP

Die Beschäftigung von Werkstudenten ist für Unternehmen interessant, um einfach und kostengünstig künftige qualifizierte Mitarbeiter zu rekrutieren und schon frühzeitig ans Unternehmen zu binden. Schließlich haben sich die Werkstudenten vor einer möglichen Übernahme bewährt, kennen schon viele Aufgaben und auch das Unternehmen aus ihrer praktischen Tätigkeit und brauchen daher später auch keine lange Einarbeitungszeit mehr. Gleichzeitig bringen sie aktuelles Wissen und übergreifende Ideen ins Unternehmen. Sie sind flexibel einsetzbar und können in Stoßzeiten oder Engpasssituationen gut unterstützen.

Integration von Werkstudenten ins Unternehmen

Werkstudenten sind meist in Teilzeit fest angestellt. Durch ihr Studium haben sie eine fachliche Nähe zu ihren Aufgaben im Unternehmen. Diese fachliche Win-win-Situation unterscheidet die Arbeit von Werkstudenten von »normalen Studentenjobs«, denn hier können sie ihre theoretischen Kenntnisse sofort praktisch im Unternehmen anwenden. Sie sammeln hier bereits erste Berufserfahrungen und werten damit auch ihren späteren Lebenslauf auf. Daher sollte der Job eines Werkstudenten im besten Fall sein Studium ergänzen. Nicht selten schreiben Werkstudenten anschließend auch ihre Bachelor- oder Masterarbeit im Unternehmen, wenn es interessante Themen für sie gibt.

Diese Maßnahmen vereinfachen die Integration von Werkstudenten:

- Fördern Sie die Werkstudenten **fachlich**: Ein Werkstudent sollte im Lauf seiner Tätigkeit seine Fachkenntnisse im Bezug zum Studium praktisch vertiefen können. Durch den Praxisbezug fördern Sie gleichzeitig sein Studium.
- Unterstützen Sie die Werkstudenten bei ihren **Abschlussarbeiten** (Bachelor- und Masterarbeiten) und schreiben Sie dazu gesonderte Stellen aus oder integrieren Sie dies direkt in die Werkstudentenstelle.
- Lassen Sie die Werkstudenten ihre **theoretischen Kenntnisse** in die Praxis umsetzen, z.B. in Form von kleineren Projekten. Im besten Fall bringen Werkstudenten innovative Ideen aus ihrem Studium mit in das Unternehmen. Es lohnt sich meist, die Umsetzung dieser Ideen – soweit möglich – zu fördern.
- Unterstützen Sie die **weitere Karriere** der Werkstudenten. Im besten Fall startet der Werkstudent im Anschluss in Ihrem Unternehmen in das Berufsleben.
- Bieten Sie Werkstudenten **qualifizierte Zeugnisse** an, die genau deren Tätigkeiten sowie fachliche und soziale Kompetenzen beschreiben.

PRAXIS-TIPP

Da Werkstudenten aufgrund des geringen Stundenumfangs nicht jeden Tag im Unternehmen präsent sind, erschwert dies auch ihre soziale Integration ins Unternehmen. Unternehmen sollten deshalb sicherstellen, dass auch Werkstudenten die wichtigsten Informationen zu allen Angeboten rund um das Unternehmen erhalten, z.B. durch regelmäßige Info-Newsletter oder Mailings, Zugang zum Firmen-Intranet und regelmäßig stattfindende Inforunden zum Austausch untereinander.

8.1.4 Hochschulabsolventen und Berufsanfänger

Besonders Hochschulabsolventen und Berufseinsteiger befinden sich beim Start in den ersten Job in einer Lebenssituation, in der viele grundlegende Veränderungen auf sie zukommen, die den Anpassungsprozess an die Arbeitswelt schwierig machen können. Um das Onboarding dieser Young Talents erfolgreich zu gestalten, sollte der Vorgesetzte Verständnis für ihre außergewöhnliche Lebenssituation haben und die folgenden Tipps beachten.

Abb. Neuer Lebensrhythmus für Hochschulabsolventen

Neuen Lebensrhythmus beachten
Der Berufseinstieg geht mit einem kompletten Wandel des Lebensrhythmus einher. Mit Ausnahme von Azubis nach einer Berufsausbildung, sind die wenigsten Young Talents bereits mit wiederholten Acht-Stunden-Tagen, der geringeren Freizeit und der neuen Regularität ihres Le-

bens vertraut. Die Umstellung von Schule und Universität in den geregelten Berufsalltag braucht daher Zeit.

Diese Zeit sollte man den Neuankömmlingen geben und Überforderung zunächst vermeiden. Auch macht es Sinn, ihnen einen **Paten**, der eine ähnliche Situation erlebt hat, zur Seite zu stellen. An diesen kann sich der neue Mitarbeiter dann mit Problemen wenden, die die Lebensumstellung betreffen. Auch **Peergroups** aus Young Talents im Unternehmen erfüllen diese Funktion.

Spielregeln der Arbeitswelt vermitteln
Häufig fehlen den jungen Einsteigern Erfahrungswerte zu gängigen Spielregeln der Arbeitswelt. Seien dies nun Ticketsysteme, Regeln in der Projektarbeit, Terminabsprachen oder einfach nur, wie guter Small Talk funktioniert. Aus diesen mangelnden Erfahrungswerten können sich Fehler und Missverständnisse entwickeln, die für den langjährigen Mitarbeiter zunächst unverständlich scheinen. Diese belasten wiederum die zwischenmenschliche Situation in der Abteilung, was einer der Hauptgründe für die frühzeitige Beendigung vieler Arbeitsverhältnisse ist.

Neben Infomaterialien und internen Schulungen, zum Beispiel durch webbasierte Trainingsportale, kann auch hier der Pate oder die Peergroup ein erster Ansprechpartner sein. Diese können negative Entwicklungen eventuell schon im Frühstadium erkennen und beseitigen.

Besondere emotionale Situation erkennen
Aus dem sich wandelnden Lebensrhythmus und den fehlenden Erfahrungswerten kann sich eine besondere emotionale Situation aus Orientierungslosigkeit, Verunsicherung und Nervosität entwickeln. Um dies zu vermeiden, ist die soziale Integration der Young Talents durch berufserfahrene Mitarbeiter enorm wichtig.

Von Beginn an sollte dem Young Talent Akzeptanz und Wertschätzung vermittelt werden. Dies sollte das Ziel des gesamten Teams sein, denn die ersten Eindrücke sind meist schwierig zu revidieren. Der erste Arbeitstag nimmt deshalb eine Sonderstellung im Onboarding-Prozess von Young Talents ein und sollte sorgfältig geplant werden.

Vertraute Medien verwenden
Vertraute Medien unterstützen zudem die Einarbeitung. Viele junge Neuankömmlinge sind Digital Natives, daher ist es sinnvoll, die im Onboarding-Prozess verwendeten Medien an deren Gewohnheiten anzupassen.

Erklärvideos funktionieren wahrscheinlich besser als Texte. Webbasierte Schulungsangebote und Onboarding-Plattformen mit App-Zugriff können eine innovative Alternative zu klassischen Integrationsmethoden bilden. Außerdem können firmeninterne Networking Tools, die den meisten Young Talents bereits aus den Social-Media-Kanälen in Form und Funktion bekannt sind, einen wichtigen Anker in den ersten Tagen und Wochen bilden.

Früh passende Verantwortung übertragen
Trotz aller Rücksicht auf die speziellen Schwierigkeiten, die Young Talents in ihrem Berufseinstieg begegnen, sollten diese keinesfalls zu sehr mit »Samthandschuhen« angefasst werden. Laut einer Studie der FAZ[17] fühlen sich besonders Hochschulabgänger in ihrer ersten Festanstellung nach dem Studienabschluss nicht etwa über-, sondern eher unterfordert.

Insofern ist es wichtig, den Neueinsteigern frühzeitig die passende Verantwortung zu übertragen. In der Ära »New Work« wird es den Arbeitnehmern immer wichtiger, sinnstiftende Beschäftigung zu finden. Dies gilt auch für Young Talents. Zum Beispiel kann durch die Beteiligung an bereits etablierten Projekten unter der Anleitung erfahrener Mitarbeiter erste Verantwortung übernommen und es können frühe Erfolgserlebnisse gesammelt werden.

8.2 Onboarding von Führungskräften

Je höher eine Führungskraft im Unternehmen einsteigt, desto schneller erwartet das Umfeld die ersten Erfolge. Hier billigt das Unternehmen selten 100 Tage als Eingewöhnungsphase zu, sondern es werden »Quick Wins« in kurzer Zeit erwartet. Doch während es für Mitarbeiter ohne

---

[17] https://www.faz.net/aktuell/karriere-hochschule/buero-co/die-meisten-berufseinsteiger-fuehlen-sich-unterfordert-14480284.html.

Führungsverantwortung umfangreiche Onboarding-Programme gibt, ist eine systematische Einarbeitung auf höherer Management-Ebene selten. Dabei stehen gerade neue Führungskräfte vor großen Herausforderungen.

8.2.1 Warum ist strukturiertes Onboarding für Führungskräfte so wichtig?

Von neuen Führungskräften wird von Anfang an umfassende Eigeninitiative erwartet. Sie müssen häufig selbst zusehen, wie sie sich mit den neuen Aufgaben, Rollen und Verantwortlichkeiten zurechtfinden. Da neue Manager dabei besonders »im Rampenlicht stehen«, haben Fehler und unbedachte Äußerungen viel weitreichendere Konsequenzen als bei Mitarbeitern ohne Führungsverantwortung. Scheinbar wird erwartet, dass sie dieser Rolle ganz automatisch nachkommen, auch wenn sie völlig neu im Unternehmen sind und sich mit Strukturen und Kultur erst vertraut machen müssen.

Abb. Quick Wins werden von Führungskräften erwartet

Zwar gibt es meistens für die neue Führungskraft ein allgemeines Kennenlernen der übrigen Führungskräfte, oft bleibt es aber bei wenigen oberflächlichen Kennenlernterminen. In der Regel gibt es nur selten einen institutionalisierten Prozess über einen längeren Zeitraum, der auch einen Einblick in Inhaltliches gibt und die neue Unternehmenskultur vermittelt. Die meisten Führungskräfte müssen selbst zusehen, wie sie sich mit den neuen Aufgaben, Rollen und Verantwortlichkeiten zurechtfinden.

Je nach vorherrschender Unternehmens- und Teamkultur ist das Ankommen für Führungskräfte eine Gratwanderung zwischen Zuhören, Aufnehmen und Lernen auf der einen Seite sowie Struktur und aktive Orientierung geben auf der anderen Seite.

PRAXIS-TIPP
Führungskräfte sind in Wechselsituationen umso erfolgreicher, je besser sie die Ausgangsposition verstehen und die dahinterliegenden Spielregeln, Erwartungen, Chancen und Risiken erkennen.

8.2.2 Kennenlernen, Vernetzung und Kontakte für Führungskräfte

Der geplante Start des neuen Managers sollte vorab im Unternehmen kommuniziert werden, damit alle Mitarbeiter über den neuen Chef informiert sind, z.B. über eine Mitteilung im Intranet, in der Mitarbeiterzeitschrift oder per E-Mail.

Für neue Führungskräfte ist es zunächst wichtig, ein gutes Netzwerk im Unternehmen aufzubauen.

Daher sollte sie sich am ersten Tag keinesfalls in ihrem Office verstecken, sondern sich persönlich bei allen Mitarbeitern des eigenen Bereichs oder Teams vorstellen und ein paar persönliche Worte zu sich und ihrem Werdegang sagen. Dies demonstriert Offenheit und schafft Vertrauen bei den Mitarbeitern. Je nach Team- und Unternehmensgröße genügt dazu ein informeller Rahmen oder eine kleine Präsentation.

Internes Netzwerk
Auch das Kennenlernen aller wichtigen, bereichsübergreifenden Führungskollegen lässt sich bewusst gestalten und sollte zeitnah erfolgen.

Dazu ist es sinnvoll, dass die neue Führungskraft im Lauf der ersten Woche die einzelnen Teams aufsucht und sich deren Aufgaben und Zuständigkeiten erklären lässt. Damit demonstriert sie gleich zu Anfang Interesse für bereichsübergreifende Themen und Teamorientierung.

Gerade in den ersten Tagen heißt es, überall genau **hinzuhören und nachzufragen**:

- Welche Aufgaben haben die jeweiligen Mitarbeiter, wo läuft es gut und wo hakt es,
- welche Erwartungen haben die Mitarbeiter an die neue Führung,
- welche Prozesse haben sich in den letzten Jahren geändert, was ist künftig geplant und was würden die Mitarbeiter gerne ändern (oder rückgängig machen),
- welche Änderungen sind/waren sinnvoll, welche nicht?

Bei diesen Gelegenheiten lassen sich schon die ersten Kontakte aufbauen und besonders engagierte Leistungsträger ausmachen. Denn dann können sich neue Führungskräfte schnell im sozialen und machtpolitischen Gefüge des Unternehmens zurechtfinden und zügig erfolgskritische Kontaktpersonen im Unternehmen identifizieren und sich mit diesen vernetzen.

Dazu eignen sich neben den üblichen Meetings und Terminen auch informelle Verabredungen zum Mittagessen. Gerade solche lockeren Treffen bieten die Möglichkeit, sich intern zu vernetzen, ohne dabei unter Leistungsdruck zu geraten.

PRAXIS-TIPP

Hilfestellung bei dieser Aufgabe kann anfangs der direkte Vorgesetzte des neuen Managers übernehmen und bereits im Vorfeld neben den normalen Meetings schon erste Verabredungen zum Mittagessen für die neue Führungskraft anregen oder sogar einleiten. Der Zeithorizont dafür sollte nicht zu kurz gewählt werden: Erfahrungsgemäß sind im Vorfeld terminierte Verabredungen über einen Zeitraum von vier bis sechs Wochen hilfreich, um sich auszutauschen und Kontakte zu vertiefen. Hier ist im Anschluss natürlich auch Eigeninitiative gefragt!

Externes Netzwerk

Kommt der neue Manager aus einem anderen Bereich, braucht er auch Unterstützung beim **Aufbau seines externen Branchennetzwerks**. Vorgesetzte unterstützen auch hier den Kontaktaufbau, wenn sie der neuen Führungskraft auf Messen und Veranstaltungen die wichtigsten externen Kontaktpersonen aus der Branche vorstellen.

Zudem müssen wichtige externe Kontakte möglichst rechtzeitig zum Start des neuen Chefs über den Wechsel informiert werden, dazu gehören z.B.:

- Beauftragte Berater wie z.B. Steuerberater, Unternehmensberater, Rechtsanwalt / Justiziar, Wirtschaftsprüfer
- Externe Kontakte wie z.B. Hausbank, Behörden, IHK, Branchenverband
- Wichtige Geschäftspartner und Kunden

HINWEIS

Denken Sie bei Führungswechseln auf Geschäftsführungsebene daran, die entsprechenden **Kommunikationsdaten** (Briefpapier, Visitenkarten, E-Mail-Signaturen, Impressum auf der Webseite etc.) zeitnah ändern zu lassen.

Auf Geschäftsführungsebene ist es zudem oft üblich, den Wechsel auch per **Pressemitteilung** einer breiteren Öffentlichkeit zu kommunizieren.

8.2.3 Einarbeitung und Feedback beim Onboarding

Die Übergabe von einem Vorgänger bringt bei Führungskräften oft besondere Probleme mit sich. Der Vorgänger hat die Organisation in der Regel bereits verlassen, wenn die neue Führungskraft ankommt. Sein wertvolles Wissen sollte er dennoch für den Nachfolger zur Verfügung stellen. Dafür eignen sich beispielsweise Strategiepapiere und Geschäftsberichte. Im Zweifelsfall ist es die Aufgabe des Vorgesetzten, diese **Dokumentation vom Vorgänger** rechtzeitig einzufordern und an den Neuen mit entsprechender Erläuterung zu übergeben.

PRAXIS-TIPP

Regelmäßige **Jour-fixe-Termine** bieten die Chance, sich mit dem direkten Vorgesetzten über Inhaltliches auszutauschen (neue Projekte oder geplante Strategien) und

Fragen zu klären. Die neue Führungskraft sollte dabei ihren **Handlungsspielraum** kennenlernen und wissen, ob der **Fokus** künftig eher auf Veränderung, Restrukturierung oder Fortführung des Business liegt und welche Akzente er von Anfang an setzen kann.

Durch regelmäßiges und konstruktives **Feedback** vom Vorgesetzten erhält der Neue Rückmeldung zum eigenen Auftreten und zu inhaltlichen Fragen. Da neue Führungskräfte meistens nur wenig direkte Rückmeldungen von ihren Mitarbeitern bekommen, ist dies besonders wichtig.

Auch **direct Reports** der Mitarbeiter eignen sich in der Anfangszeit, damit sich der Neuzugang schnell einen Überblick verschaffen kann. Dies kann der neue Chef auch proaktiv von Mitarbeitern mit wichtigen Projektrollen einfordern.

8.2.4 Erwartungen und Führungsstil

Oft werden Führungskräfte von außen ins Unternehmen geholt, weil sie neuen Input und frischen Wind ins Unternehmen bringen sollen. Gerade dann muss die neue Führungskraft schnell ein Gefühl dafür entwickeln, welche Veränderungen machbar und erwünscht sind und wie sie sich selbst dabei positionieren kann. Denn einerseits sind Veränderungen oft dringend nötig, zugleich aber mit besonderen Herausforderungen verbunden.

Führungskräfte sind dabei verschiedenen Ansprüchen und Erwartungen ausgesetzt, die nicht immer offen kommuniziert werden und nur selten in eine Richtung zielen. Wichtig ist es daher:

- **Klarheit über die Erwartungen anderer zu schaffen**, z.B. haben Vorgesetzte bestimmte Vorstellungen, was das Business anbelangt, Mitarbeiter brauchen möglicherweise Schutz vor Überforderung oder zusätzliche Ressourcen um langersehnte Projekte vorantreiben zu können und Teamkollegen oder der Betriebsrat richten gegebenenfalls ganz spezielle Wünsche an die neue Führungskraft.

- **Die eigene Rolle zu finden**: Wie hat sich der Vorgänger positioniert, welches Image hatte er? Bedauern viele seinen Weggang oder sind die

Mitarbeiter erleichtert? Hier gilt es eine gesunde Balance zwischen Einfügen, Abgrenzen und Verändern zu finden.

- **Chancen auf Veränderung prüfen**: Die neue Führungskraft muss schnell ein Gefühl dafür entwickeln, welche Veränderungen machbar und erwünscht sind und wie er sich selbst dabei positionieren will. Dieser Grat ist oft sehr schmal. Denn einerseits sind Veränderungen zwar oft dringend nötig, aber es ist auch mit Schwierigkeiten zu rechnen, weil z.B. die Belegschaft auf Altbewährtem beharrt.

Dies hängt stark von der Hierarchieebene ab: Bei »normalen« Mitarbeitern und einer niedrigeren Führungskräfte-Ebene liegt der Fokus meist eher auf der fachlichen Expertise und der Weiterführung des Bestandsgeschäfts.

PRAXIS-TIPP

Aus den Überlegungen zum Recruiting gehen einige Erwartungen an die neue Führungskraft hervor. Bevor der Neue tatsächlich anfängt, lohnt es sich, diese unterschiedlichen Anforderungen und Erwartungen noch einmal mit allen Beteiligten (beispielsweise mit dem Team der neuen Führungskraft, einigen Sparringspartnern im Führungsteam und den Vorgesetzten) durchzusprechen und gegebenenfalls zu aktualisieren, damit erste Konfliktpotentiale offengelegt werden. Wenn die neue Führungskraft vor Ort ist, ist es sinnvoll, diese Gemengelage gemeinsam zu betrachten, so dass die neue Führungskraft eine erste Strategie für Veränderungsprozesse entwickeln kann. Gibt es diese Erwartungsklärung durch Vorgesetzte oder sonstige Beteiligte nicht, muss dies die neue Führungskraft selbst aktiv von allen Beteiligten einfordern.

8.2.5 Unterstützung der Führungskraft durch Mentor

Interner Mentor

Ein Mentor kann eine neue Führungskraft dabei unterstützen, sich in der Organisation zu vernetzen, die richtigen Ansprechpartner zu finden und dabei helfen, die Werte und die Unternehmenskultur zu verstehen. Als erfahrene Führungskraft kennt der Mentor das Beziehungsgeflecht und die Firmenpolitik und kann dem Neuling somit schwierige Situationen erklären, die sich z.B. aus alten Konflikten oder Abhängigkeiten speisen. Denn aus einer Außenperspektive sind diese Konfliktfelder meist nicht erkennbar, ein Mentor kann hier wichtiges Insiderwissen bieten und als Ratgeber fungieren.

Mit diesem wertvollen Einblick und dem Wissen darüber »wie das Unternehmen tickt«, fördert der Mentor die Einarbeitung des Neuen und kann die bisherige Führungsphilosophie vermitteln. Fühlen sich z.b. bislang eher traditionell geführte Mitarbeiter von umfassenden Neuerungen im Führungsstil überrumpelt, wird ein Neuling meist schnell das Missfallen der Belegschaft oder des Vorstands erregen.

PRAXIS-TIPP

Als Mentor ist beispielsweise eine hierarchisch gleich- oder höhergestellte Führungskraft geeignet, die kommunikationsstark und schon seit einigen Jahren im Unternehmen tätig ist. Der Mentor kommt optimalerweise aus einem anderen Unternehmensbereich, um Abhängigkeiten zwischen Mentor und Mentee zu vermeiden. Ausführliche Informationen zu den Aufgaben eines Mentors finden Sie auch in Kapitel 9.

Externer Coach als neutraler Begleiter

Auch ein externer Coach bietet Neueinsteigern auf Führungsebenen wertvolle Hilfestellung. Er hat in der Regel einen neutralen Blick auf das Unternehmen und kann Nachwuchsführungskräfte vor allem dabei unterstützen, in ihrer neuen Rolle als Vorgesetzter anzukommen. Je nach Hierarchieebene des Klienten sollte er dafür über Erfahrungen im Teamleiter- oder Bereichsleiter-Coaching verfügen, um seinen Klienten auf spezifische Stolpersteine als Führungskraft gut vorzubereiten. Sehr hilfreich sind auch Branchenkenntnisse und Verständnis für die herrschende Unternehmenskultur.

Ein externer Coach wird allerdings wenig Hilfestellung in Bezug auf die detaillierte Firmenpolitik und das interne Beziehungsgeflecht geben können.

8.3 Onboarding von Experten mit Schlüsselkompetenzen

Experten in sog. Schlüsselpositionen leisten einen strategisch wichtigen Beitrag zum aktuellen oder künftigen Unternehmenserfolg. Je nach Branche und Firma sind dies z.B. spezifisches Fachwissen oder besondere soziale bzw. prozessbezogene Fähigkeiten. Gibt es neu identifizierte Schlüsselkompetenzen (z.B. Data Mining, Künstliche Intelligenz, Machine Learning, Social Media Marketing, o.Ä.), die bisher niemand abdecken konnte, stellen Firmen dazu oft Experten ein. Sie sollen u.a. das fehlende Fachwissen ins Unternehmen bringen oder neue Prozesse etablieren.

Hat diese benötigten Schlüsselkompetenzen bisher noch kein Interner abgedeckt, müssen Unternehmen in den meisten Fällen dieses Know-how einkaufen, ohne eine explizite Stelle für diese Personen zu haben.

Diese ausgewiesenen Experten für ein bestimmtes Thema oder ein Gebiet werden daher zunächst meist als Einzelkämpfer eingestellt. Sie haben dann oft keine »Homebase«, sprich einen eigenen Bereich oder ein Team, bei dem sie angesiedelt sind. Daher fehlt diesen Personen zunächst meist der Austausch mit anderen Experten und wichtige Informationen über Workflows, Firmenkultur und Arbeitsweise. Darüber hinaus werden sie von der bestehenden Belegschaft oft »mit Argusaugen« beobachtet, stellen sie doch eine potenzielle Gefahr dar, da diese Personen Kompetenzen haben, die den anderen fehlen.

Abb. Experten integrieren

Führungskräfte und HR können diese Personen in besonderer Weise unterstützen:

- Diese Mitarbeiter können als **Stabstelle** in verwandten Bereichen angesiedelt werden. Dadurch fördert HR die Zugehörigkeit zu einem Bereich und dessen Führungskraft.
- HR und Vorgesetzte sollten diese Kollegen gut **vernetzen**. Sie müssen zunächst das Unternehmen und andere wichtige Schlüsselpersonen kennenlernen. In der Regel suchen sie sich im Anschluss ihre konkreten Aufgaben im Unternehmen selbst.
- HR und direkte Vorgesetzte sollten den **Rahmen** und die strategische Zielrichtung der Aufgaben so genau wie möglich definieren.
- Die Experten brauchen genügend **Budget, Zeit und Verantwortung**, damit sie erfolgreich wirksam sein können.
- Gerade hier sind regelmäßiges **Feedback** mit der Führungskraft und **Jour-fixe-Termine** für den Austausch sehr wichtig, um nicht die gewünschte Stoßrichtung aus den Augen zu verlieren.

HINWEIS

Eventuell können auch Mitarbeiter z.B. durch **Job Enrichment** weiter qualifiziert werden, um Schlüsselkompetenzen zu besetzen. Dies geschieht, wenn sich das Aufgabengebiet qualitativ verändert und der Mitarbeiter die Möglichkeit bekommt, seine Entscheidungskompetenzen und Verantwortung auszuweiten und anspruchsvollere Aufgaben zu übernehmen. Dadurch erhält er die Chance zur persönlichen Entwicklung.

Da dieser Personenkreis das Unternehmen schon kennt, fällt auch deren Integration und Heranführung an die neuen Aufgaben wesentlich leichter.

8.4 Onboarding von Homeoffice- und Remote-Mitarbeitern

Viele Unternehmen bieten ihren Mitarbeitern mittlerweile Homeoffice-Möglichkeiten an. Damit können sie ihre Arbeitszeiten flexibler einteilen, um Familie und Beruf besser zu vereinbaren. In der Regel profitieren beide Seiten davon, denn die Teammitglieder sind meist zufriedener und können Privates und Berufliches besser vereinbaren. Zugleich sind sie oft auch produktiver.

Gerade bei Homeoffice- und sog. »Remote-Mitarbeitern«, die an anderen Standorten arbeiten, gibt es aber eine räumliche Distanz, die die Einarbeitung erschwert. Diese Kollegen bauen nicht so einfach persönliche Kontakte zu anderen Mitarbeitern auf, da sie einen Großteil ihrer Zeit von zuhause oder einem anderen Standort arbeiten. Die gemeinsame Kaffeepause und das gemeinsame Mittagessen fehlen für die Vernetzung dieser Onboardees. Bei spontanen Teammeetings oder Stand-ups sind sie dann nur per Telefon oder Bildschirm zugeschaltet.

Tipps, um Homeoffice und Remote-Mitarbeiter zu integrieren:
- **Erste Einarbeitung immer vor Ort**: Gerade in der Einarbeitungszeit sind **Präsenzzeiten** unabdingbar. Experten raten dazu, dass der Onboardee die ersten drei Monate vor Ort in der Firmenzentrale oder Niederlassung arbeitet. Die Neuzugänge lernen so das Unternehmen vor Ort, die wichtigsten Abläufe und die Kontaktpersonen persönlich kennen. Bei klassischen Vor-Ort-Schulungen in der Firmenzentrale kann der Neuling jederzeit die erfahrenen Kollegen fragen. Zudem sind die

Vor-Ort-Meetings gerade in der Anfangszeit sinnvoll, um die Erwartungen des neuen Mitarbeiters und des Vorgesetzten zu klären.

- **Paten** für Homeoffice- und Remote-Mitarbeiter: Auch diese Kollegen brauchen einen erfahrenen Ansprechpartner, an den sie sich jederzeit mit allen Fragen wenden können. Dies kann auch per Videokonferenz oder Telefon erfolgen, allerdings sind feste Rahmenbedingungen wichtig, z.B. definierte Termine und Häufigkeiten, Agenda, Protokoll etc.
- **Welcome Day** in der Zentrale: Einen allgemeinen Welcome Day sollten auch frisch rekrutierte Homeoffice-Kollegen nicht versäumen, um das Unternehmen und andere Neueinsteiger kennenzulernen. Zudem unterstützt eine kleine Einstandsfeier im neuen Team die Zugehörigkeit, damit sich die neuen Teammitglieder von Anfang an willkommen fühlen.
- **Teambuilding-Maßnahmen**: Bei Teams, die vor Ort im Unternehmen zusammenarbeiten, stärken auch die Pausengespräche oder das gemeinsame Mittagessen das Teambuilding. Auch wenn der Neuling in seinem Homeoffice weit entfernt wohnt, sollte es regelmäßige gemeinsame Aktivitäten geben, wie z.B. Betriebsausflüge, Sommerfeste oder Weihnachtsfeiern, um zusammenzukommen und sich näher kennenzulernen.
- **Vor-Ort-Weiterbildungen & Workshops**: Regelmäßige Präsenzschulungen und gemeinsame Workshops in der Firmenzentrale sind eine weitere Möglichkeit, um Mitarbeiter an das Unternehmen zu binden. Sie zeigen damit auch Ihre Wertschätzung und der Mitarbeiter fühlt sich zuhause nicht »vergessen«.
- **Regelmäßige Präsenzzeiten und Vor-Ort Meetings**: Auch wenn die einzelnen Mitarbeiter weiter entfernt wohnen, sollte es trotz Home-Office und Remote-Arbeit regelmäßige Präsenzzeiten oder -tage geben, um den persönlichen Kontakt zu fördern und sich über Arbeitsergebnisse und Fortschritte auch persönlich auszutauschen. Auch wenn die Technik noch so gut ist, ersetzt sie nicht dauerhaft ein persönliches Gespräch.
- **Klare Anweisungen & Feedback**: Gerade bei virtuellen Teams und Remote-Kollegen ist es wichtig, dass die Arbeitsaufgaben, To-dos und Erwartungen klar besprochen und verstanden wurden. Vor allem bei

gemeinsamen Aufgaben und Projekten muss jeder seine Rolle kennen. Zudem brauchen gerade Neuzugänge an anderen Standorten mehr Feedback und Motivation für ihre Arbeit als »normale« Mitarbeiter vor Ort.

- **Videokonferenzen & Chats:** Auch wenn regelmäßige Vor-Ort-Meetings wegen der Distanzen nicht möglich sind, sollten sich der Vorgesetzte und das Team regelmäßig in **Videokonferenzen** (Bild und Ton) mit dem Onboardee austauschen. So lernt der Heimarbeiter nach und nach das ganze Team kennen und kann zumindest virtuell an den Teammeetings teilnehmen.

PRAXIS-TIPP

Treffen sich alle Teamkollegen in einem Raum und wird nur ein einzelner Remote-Kollege virtuell zugeschaltet, wird dieser bei lebhaften Diskussionen oft »vergessen«. Überlegen Sie, ob Sie deshalb solche Meetings für alle Mitarbeiter virtuell abhalten. Die einzelnen Teammitglieder sprechen und agieren dabei viel zugewandter. Vielleicht lassen sich die Besprechungsräume unterschiedlicher Standorte gleich einrichten? Dann haben auch die virtuellen Teammitglieder das Gefühl, im gleichen Raum zu sitzen.

WICHTIG

Alle Kollegen sollten sich nicht nur hören, sondern auch sehen können. Zudem sind dafür eine Agenda und ein abschließendes Protokoll wichtig, um gefasste Beschlüsse festzuhalten und Nicht-Anwesenden zukommen zu lassen.

- **Tools & Community**: Arbeiten einzelne Mitarbeiter oder das ganze Team von unterschiedlichen Standorten, vernetzen Sie die Mitarbeiter untereinander am besten mit geeigneten Videokonferenz-Tools, in denen sie leicht untereinander in Kontakt treten können. Hier lassen sich Nachrichten und Dateien austauschen, Arbeitsaufgaben verwalten, Videokonferenzen abhalten oder Informationen zu gemeinsamen Projekten hinterlegen. Dazu bieten sich tägliche definierte Zeiten an, um in gemeinsamen Channels mit den Kollegen zu chatten und sich auszutauschen.

HINWEIS

Optimal ist eine Mischung aus festen Bürotagen und Homeoffice-Tagen, dies mindert die Schwierigkeiten, mit denen Heimarbeiter oft kämpfen.

8.5 Reboarding – Erfolgreich wieder Fahrt aufnehmen

Zurück nach der Elternzeit, längerer Krankheit, internem Stellenwechsel oder zwischenzeitlicher Beschäftigung bei einem anderen Arbeitgeber: Dem Reboarding, also dem Wiedereinstieg in Job oder Unternehmen, wird oft zu wenig Beachtung geschenkt. Personaler gehen meist davon aus, dass der Mitarbeiter das Unternehmen ja bereits kennt und ein strukturierter Onboarding-Prozess schlichtweg übertrieben oder überflüssig ist.

Warum Reboarding so wichtig ist
Auch ein zurückgekehrter Kollege muss wieder Fuß im Unternehmen fassen und braucht dabei mehr oder weniger Begleitung durch HR.

Als einfache Faustregel gilt: Je länger er nicht im Unternehmen gearbeitet hat, desto intensiver sollte er begleitet werden. Schließlich hat sich seit seinem Weggang viel verändert und die Kosten eines missglückten Einarbeitungs- und Integrationsprozesses sind bei einer internen (Wieder-)Einstellung nicht geringer als bei einer externen Einstellung.

Geht die Integration des Mitarbeiters nach einem internen Wechsel gründlich daneben, ist zudem der mögliche Imageschaden meist viel größer. Schließlich ist der Mitarbeiter bereits sehr gut im Unternehmen vernetzt und trägt seine Enttäuschung viel weiter ins Unternehmen, als dies ein neuer Mitarbeiter tun würde.

Häufen sich solche Fälle, spricht sich dies herum und interne Besetzungen einer ausgeschriebenen Stelle werden von den eigenen Mitarbeitern vermieden und eher kritisch betrachtet. Sie verlieren damit einen wichtigen Kanal für Ihr Recruiting. Zudem könnte sich bei Ihren Mitarbeitern – zu Unrecht – die Einstellung verbreiten, dass externe Bewerber bevorzugt würden und weitere Abwanderungsgedanken nach sich ziehen.

Reboarding nach internem Stellenwechsel
Bei internem Stellenwechsel wird das Onboarding häufig stark vernachlässigt, weil man davon ausgeht, dass der Mitarbeiter die Prozesse im Unternehmen und vor allem auch die Unternehmenskultur kennt und

verinnerlicht hat. Das ist einerseits natürlich richtig, andererseits ist es aber so, dass gerade in großen Unternehmen und Konzernen sich die Strukturen je nach Bereich stark unterscheiden. Jedes Team hat seine eigene Teamkultur und mit jedem neuen Teammitglied beginnt die Teamfindung erneut. Häufig ist es bei intern versetzten Mitarbeitern auch so, dass sie weniger bereit sind oder schlichtweg Hemmungen haben, Fragen zu stellen, da sie ja per se schon alles wissen. Dies erschwert den Reboarding-Prozess zusätzlich.

Generell ist der Onboarding-Aufwand bei internen Wechseln wesentlich geringer und der Vorgesetzte kann einen Teil der Maßnahmen optimal an den neuen Mitarbeiter selbst bzw. an das gesamte Team delegieren. Hier liegt also mehr Verantwortung beim Mitarbeiter selbst – das unterscheidet das Reboarding eines internen Wechslers vom Onboarding eines neuen Mitarbeiters maßgeblich.

Bewährte Reboarding-Maßnahmen:

- Bei einem internen Wechsel sollte unbedingt die **soziale Integration** in das Team und die **fachliche Einarbeitung** im Vordergrund stehen. Auch hier freut sich der neue Kollege über einen herzlichen Empfang und eine vorbereitete Umgebung.

- Ein **individueller Einarbeitungsplan** ist daher auch bei internen Wechslern unbedingt Pflicht, um ihnen eine Übersicht über ihre neuen Tätigkeiten zu geben und die fachliche Einarbeitung zu unterstützen.

- Dasselbe gilt für **Mitarbeitergespräche** mit der Führungskraft: Die Gespräche sollten ebenfalls regelmäßig stattfinden und die Ergebnisse dokumentiert werden.

- Die Kollegen in der neuen Abteilung sollten dem intern gewechselten Kollegen **offene Türen** und jederzeit **Gesprächsbereitschaft** für seine Fragen signalisieren.

- Zwar braucht es meist keinen Paten, dennoch ist es wichtig, dass jemand dafür Verantwortung übernimmt, den intern gewechselten Kollegen zum **Mittagessen und zu Kaffeepausen** einzuladen und zu integrieren.

- Da sich das Team mit jedem »Neuen« neu formiert, verbessert auch hier ein **Teamevent** nach 2–3 Monaten das Teamklima und die Zusammenarbeit.
- Achtung: Es ist viel **Fingerspitzengefühl** aller Beteiligten gefragt, falls die Einarbeitung nicht nach Plan verläuft, damit die Führungskraft schnellstmöglich gegensteuern kann!

HINWEIS

Von internen Wechseln profitiert auch das Team, denn der Neuzugang bringt aus dem anderen Unternehmensbereich viele neue Impulse und Erfahrungen mit. Ganz ähnlich, als käme der neue Kollege aus einer anderen Firma. Dies erfordert eine offene, wertschätzende Atmosphäre im Team, die bestenfalls die Führungskraft vorlebt.

Reboarding ehemaliger Mitarbeiter

Auch das Reboarding ehemaliger Kollegen nach einem Wiedereinstieg wird häufig unterschätzt. In diesem Fall gehen Führungskräfte häufig davon aus, dass dieser das Unternehmen und evtl. sogar die Tätigkeit bereits kennt. Aber hier ist Vorsicht geboten, denn Jobprofile, Abläufe und Team- / Unternehmenskultur verändern sich oft sehr schnell. Und während diese Veränderungen für Interne kaum bemerkbar sind, so sind für Wiedereinsteiger doch erhebliche Unterschiede spürbar.

Außerdem: Sollte ein ehemaliger Mitarbeiter in der Vergangenheit nicht durchweg »im Guten« gegangen sein, können auch Altlasten den Reboarding-Prozess stören.

PRAXIS-TIPP

Prüfen Sie daher **vor** einer Wiedereinstellung, welche **Gründe** den Mitarbeiter damals zu einem Jobwechsel bewegt haben und ob sich diese mittlerweile erledigt haben.

Reboarding nach Elternzeit oder Sabbatjahr

Nicht nur angesichts des akuten Fachkräftemangels ist Reboarding auch nach der Elternzeit oder nach einem Sabbatjahr eine lohnende Maßnahme und sorgt für zufriedenere Mitarbeiter. Denn je nachdem, wie lange der entsprechende Mitarbeiter »weg« war, kann sich auch für Rückkehrer einiges im Unternehmen/Team aufgrund einer Restrukturierung o. Ä. verändert haben.

Wenn der Arbeitnehmer längere Zeit abwesend war, braucht er zunächst Klarheit darüber, zu welchen Aufgaben und in welcher Position er nach seiner Auszeit wieder zurückkehren kann. Wechselt der Rückkehrer in ein anderes Team oder erhält er andere Aufgaben, sollten Sie die oben erwähnten Tipps bei internem Wechsel berücksichtigen.

Damit die Wiedereingliederung erfolgreich verläuft, gilt es abzuklären:
- Wie geht es dem Rückkehrer mit der neuen Lebens- und Arbeitssituation?
- Was hat sich verändert?
- Wo sind eventuell noch Unsicherheiten und wie können diese behoben werden?
- Wo benötigt er noch Unterstützung?

Generell können Unternehmen einiges dazu beitragen, Arbeitsplätze für Rückkehrer attraktiv zu gestalten. Damit beispielsweise wertvolle Mitarbeiter nicht durch eine Babypause verloren gehen, kann mit flexiblen Arbeitszeitmodellen oder einem Platz im Betriebskindergarten gegengesteuert werden.

8.6 Sonderfall Krankheit: Verpflichtung zum betrieblichen Eingliederungsmanagement

Wenn Mitarbeiter krankheitsbedingt längere Zeit ausfallen, treten nach der Rückkehr des Mitarbeiters häufig Probleme und Konflikte auf. Zwar freuen sich Kollegen und Führungskraft in der Regel auf den Rückkehrenden, wissen aber nicht so recht, wie sie angemessen mit der sensiblen Situation umgehen sollen. Doch gerade das wichtige Arbeitsumfeld kann zum Gelingen der Rückkehr- und Genesungsphase aktiv beitragen, andernfalls droht oft ein Krankheitsrückfall, verbunden mit weiteren Ausfällen für den Arbeitgeber. Und beim Arbeitnehmer kommt es ebenfalls zu finanziellen Einbußen durch den Lohnausfall bis ggf. hin zum Arbeitsplatzverlust.

Was ist vorgeschrieben und wie läuft das Verfahren ab?
Um den Mitarbeiter nach seiner Ausfallzeit so zu unterstützen, dass sich seine Gesundheit und Arbeitskraft stabilisiert, ist ein professioneller Prozess in Form eines **betrieblichen Eingliederungsmanagements (BEM)**[18] sinnvoll. Dieser ist vom Gesetzgeber nach 6 Wochen Krankheitsdauer (Betrachtungszeitraum 12 Monate) übrigens gesetzlich vorgeschrieben. Auf die Betriebsgröße kommt es dabei nicht an. Der Mitarbeiter kann daran freiwillig teilnehmen, er ist aber nicht dazu verpflichtet und er muss seinem Arbeitgeber auch keine Diagnose mitteilen.

Wie das BEM konkret abzulaufen hat, ist gesetzlich nicht geregelt. Es ist vielmehr ein nicht formalisiertes Verfahren, das den Beteiligten viel Spielraum lässt. Eingebunden sind in das BEM-Integrationsteam meist Vertreter der HR-Abteilung, des Betriebs- / Personalrats, der Schwerbehindertenvertreter und ggf. externe Fachleute.

Normalerweise prüft das Integrationsteam zusammen mit dem Mitarbeiter (präventive) Maßnahmen, die es ihm nach längerer Krankheitsphase erlauben, seine bisherige Tätigkeit wiederaufzunehmen und setzt diese anschließend um. Dies soll weiteren Erkrankungen, die letztlich zum Verlust des Arbeitsplatzes führen können, entgegenwirken (»Rehabilitation statt Entlassung«).

Gerade bei langwierigen und chronischen Erkrankungen muss der Arbeitgeber davon ausgehen, dass die Krankheit länger dauert als die Arbeitsunfähigkeitsphase von 6 Wochen und es zu weiteren Ausfällen kommt, die Geld kosten. Daher besteht hier Einsparpotenzial, wenn die Belastungen genau analysiert und konkrete Problemlösungen gefunden werden können. Zudem verbessern BEM-Maßnahmen das Betriebsklima und Ansehen des Betriebs, weil das Verfahren Fürsorge und Wertschätzung für die Beschäftigten signalisiert.

---
18 Personal Office Platin, Redaktion, HI1328853, Stand: 10.10.2019.

HINWEIS

Da die Hürden für eine wirksame krankheitsbedingte Kündigung sehr hoch sind, sollten Arbeitgeber in Zweifelsfällen immer ein betriebliches Eingliederungsmanagement durchführen.

Maßnahmen für ein betriebliches Eingliederungsmanagement:

- Schließen Sie ggf. mit dem Betriebsrat eine **Betriebsvereinbarung** zur Durchführung von BEM-Maßnahmen ab und ernennen Sie Mitglieder des Integrationsteams.

- Klären Sie alle Mitarbeiter über die **Ziele**, die **Freiwilligkeit**, den **Datenschutz** und den **Ablauf** eines BEM-Verfahrens auf. Erläutern Sie, wann die Mitarbeiter zu Gesprächen eingeladen werden, und stellen Sie das Integrationsteam vor.

- Prüfen Sie in den **BEM-Gesprächen** zusammen mit dem jeweiligen Mitarbeiter, ob und wie die Bedingungen am Arbeitsplatz eines Beschäftigten angepasst werden können, um das Risiko zu vermindern, dass es zu erneuten Ausfällen kommt.

- Schließen Sie einen BEM-Prozess dann ab, wenn die Fehlzeiten dauerhaft unter die **Sechswochengrenze** des §84 Abs. 2 Satz 1 SGB IX gesunken sind, die Teilnehmer für sich das Ende feststellen oder das Beschäftigungsverhältnis endet.

HINWEIS

Eine Grenze ist da erreicht, wo auch nach Ansicht kompetenter Berater wie dem Integrationsamt keine Möglichkeiten zur Wiedereingliederung des Arbeitnehmers in das Arbeitsverhältnis oder zur Fehlzeitenreduzierung bestehen.

Stufenweise Wiedereingliederung

Bei der stufenweisen Wiedereingliederung[19] können Beschäftigte, die sich nach Erkrankung oder Verletzung in der Genesungsphase befinden, nach Absprache mit dem behandelnden Arzt, stundenweise an den Arbeitsplatz zurückkehren und so allmählich (z.B. in wochenweisen Steigerungen) wieder an die Arbeitsbelastungen herangeführt werden. Dies

---

19 Personal Office Platin, Redaktion, HI522573, Stand: 15.10.2019.

ist nicht zwangsläufig eine BEM-Maßnahme, kann diese jedoch unterstützen.

8.7 Offboarding – man sieht sich immer zweimal

Offboarding (oder Austritts- bzw. Exit-Management) bezeichnet im Personalmanagement einerseits den **technischen bzw. systematischen oder organisatorischen Prozess**, also bspw. die Weitergabe von Dokumenten, Wissen und Kontakten. In den Fokus rückt aber auch der bewusst gestaltete **sozio-emotionale Trennungsprozess**, bei dem der Mitarbeiter in der Austrittsphase unterstützt und durch HR, den Vorgesetzten oder einen speziell ausgebildeten Coach bis zum tatsächlichen Austritt begleitet wird. Das Ziel dabei ist es, die Atmosphäre und die Prozesse für den ausscheidenden Mitarbeiter konstruktiv und positiv zu gestalten, denn jeder scheidende Mitarbeiter ist auch immer ein Botschafter des Unternehmens.

Abb. Man sieht sich immer zweimal

Warum sich Offboarding immer lohnt

Es gibt viele verschiedene Gründe, weshalb ein Arbeitsverhältnis endet. Meist richten die Unternehmen schnell den Blick nach vorn und sind mit der Stellennachbesetzung und dem Onboarding des Nachfolgers beschäftigt. Nur wenige Firmen nehmen sich Zeit für den Offboarding-Prozess, eventuell auch, weil es als unangenehme Aufgabe seitens HR oder der Führungskraft empfunden wird, falls das Arbeitsverhältnis arbeitgeberseitig oder gar im Streit beendet wurde. Doch es gibt handfeste Gründe, warum sich Unternehmen für den Offboarding-Prozess Zeit nehmen sollten:

- **Rückgewinnungsoption nutzen**: Schon beim Kündigungsgespräch beginnt der Offboarding-Prozess. Ein Mitarbeiter, der von sich aus kündigt, darf kein schlechtes Gewissen wegen seiner Kündigung vermittelt bekommen. Vielleicht gibt es Optionen oder Perspektiven, um den Mitarbeiter doch noch halten zu können, was bei Leistungsträgern gewünscht sein könnte. Bedauern Sie die Entscheidung des Mitarbeiters, sprechen Sie auf jeden Fall eine Rückkehrmöglichkeit an, da sich bei einem Wechsel nicht immer alle Hoffnungen erfüllen. So signalisieren Sie dem Mitarbeiter, dass die Tür für ihn offenbleibt.

- **Wissenstransfer sichern**: Schafft es ein Unternehmen, dem scheidenden Mitarbeiter das Gefühl zu geben, dass seine Person und Arbeit nach wie vor geschätzt werden, ist dieser eher dazu bereit, Wissen weiterzugeben und eine saubere Übergabe und Dokumentation sicherzustellen. Die Aufforderung, sein Wissen zu dokumentieren und zu übergeben, sollte bereits im Kündigungsgespräch adressiert werden, damit genug Zeit dafür bleibt.

- **Image verbessern**: Ehemalige Mitarbeiter sind auch immer Botschafter des Unternehmens. Verlässt der Mitarbeiter die Firma mit positiven Erfahrungen, trägt er diese auch eher an Freunde oder Bekannte weiter und hinterlässt positive Bewertungen in Arbeitergeber-Bewertungsportalen wie kununu oder glassdoor.

- **Employer Branding unterstützen**: Die positiven – und meist auch ehrlichen – Bewertungen der ehemaligen Mitarbeiter erleichtern wiederum das Recruiting und Onboarding neuer Mitarbeiter und eines Nachfolgers erheblich.

- **Feedback für Verbesserungen nutzen**: Um künftige Fluktuationen zu vermeiden bzw. zu senken, ist es hilfreich, die genauen Trennungsgründe zu erfahren und die eventuellen Unzufriedenheiten zu ergründen. Nur so können Sie aus Fehlern lernen und die Arbeitszufriedenheit der übrigen Mitarbeiter weiter verbessern.

Wenn die Firma kündigt

Wenn das Unternehmen das Arbeitsverhältnis mit dem Mitarbeiter beendet, ist für den Offboarding-Prozess besonders viel Fingerspitzengefühl gefragt. Hat der gekündigte Mitarbeiter das Gefühl, nicht gerecht behandelt worden zu sein, kann er einigen Schaden anrichten, falls er z. B. vor dem Arbeitsgericht klagt oder auch nur seinem Nachfolger wichtiges Wissen vorenthält.

Bedenken Sie unbedingt, dass eine arbeitgeberseitige Kündigung die verbleibenden Mitarbeiter frustrieren und demotivieren kann, vor allem wenn ein beliebter Mitarbeiter von der Kündigung betroffen ist. Aus Solidarität könnten im Extremfall weitere Mitarbeiter das Handtuch werfen und ebenfalls kündigen, vor allem wenn sie die Kündigung und den Offboarding-Prozess als nicht respektvoll empfinden.

Hinterlässt der gekündigte Mitarbeiter zudem eine negative Arbeitgeber-Bewertung im Internet, wirft dies in der Öffentlichkeit ein schlechtes Licht auf die Firma und erschwert das künftige Recruiting.

Bei arbeitgeberseitigen Kündigungen kann eine Orientierungs- und Outplacement-Beratung dazu beitragen, dass eine juristische Auseinandersetzung vor Gericht vermieden wird.

HINWEIS

Mit einem gut vorbereiteten, offenen und ehrlichen Kündigungs- und Austrittsgespräch mit dem Mitarbeiter können Sie negative Konsequenzen zumindest abmildern. Teilen Sie dem Mitarbeiter offen und ehrlich die Kündigungsgründe mit und führen Sie unbedingt auch zeitnah ein Gespräch mit den Kollegen des gekündigten Kollegen. Auch den Kollegen sollten Sie die Entscheidung begründen und ihre Fragen dazu beantworten, da sonst die wildesten Gerüchte die Runde machen und das Unternehmensimage und die Atmosphäre schädigen könnten.

Warum Austrittsinterviews wichtig sind

Die Rückmeldungen der austretenden Mitarbeiter, die das Unternehmen im Rahmen eines Abgangs- oder Austrittsinterviews erhält, erlauben es, Schwachstellen in der Personalführung aufzudecken und dafür bessere Lösungen zu finden. Gerade wenn sich ungewollte Fluktuation häuft, ist i.d.R. auch der »Leidensdruck« bei den Führungskräften so hoch, dass sie selbst ungern gehörtes Feedback (Kritik an Führungsstil, Personalpolitik, Personalplanung u.a.) zumindest anhören und dann vielleicht auch berücksichtigen. Dadurch haben Unternehmen die Chance, wirklich etwas zu verändern und zu bewegen und somit weiterer ungewollter Fluktuation vorzubeugen.

HINWEIS

Das Feedback der ausscheidenden Mitarbeiter ist sehr wertvoll und muss selbstverständlich vertraulich und mit Wertschätzung behandelt werden. Alles andere spricht sich sonst schnell herum und Sie bekommen zukünftig keine Rückmeldungen von dieser Qualität mehr.

Wer führt das Austrittsinterview?

Überlegen Sie, wer das Austrittsinterview mit dem ausscheidenden Mitarbeiter führt. Nur bei quasi konfliktfreien Arbeitsverhältnissen kann das Gespräch bei guter interner Kommunikation / Absprache der direkte Vorgesetzte führen. Wenn jedoch vermutet wird, dass der Abwanderungsgrund auch aufgrund der Führungskraft besteht, sollte dieses Gespräch durch Mitarbeiter der HR-Abteilung erfolgen. Ansonsten werden Sie keine ehrliche Meinung des ausscheidenden Mitarbeiters zu hören bekommen und können folglich auch keinen Nutzen aus dem Gespräch ziehen.

Leitfaden für Austrittsgespräch beachten

Bei Mitarbeitern, die das Unternehmen eigentlich gerne gehalten hätte, sind folgende Punkte sinnvoll:

- Definieren Sie für Ihr Unternehmen die **»Schlüsselkriterien«**, zu denen Sie sich Rückmeldung wünschen (z.B. Onboarding-Prozess, Unternehmenskultur, Betriebsklima, Arbeitsbedingungen, Führungsstil, Personalentwicklung, Vergütungssystem etc.).

- Betonen Sie, dass Sie an der **»ungeschminkten« Meinung** und Einschätzung des Mitarbeiters interessiert sind, und dass sich kritisches Feedback in keiner Weise negativ auswirkt (z.b. bei der Zeugniserstellung, Entscheidung ob Aufnahme in den Talent Pool etc.).
- Versuchen Sie, den wahren **Austrittsgrund** zu erfahren, z.b. familiäre, gesundheitliche Gründe, Führungskultur, Fortbildung, fehlende Aufstiegs- und Entwicklungsmöglichkeiten, Gehalt oder sonstige Gründe.
- **Bedanken** Sie sich für die Mitarbeit und den Einsatz des Mitarbeiters sowie sein Feedback und bieten Sie an (falls gewünscht), dass man weiterhin in Kontakt bleibt. Bringen Sie Ihre Hoffnung (sofern diese besteht) zum Ausdruck, dass sich zukünftig vielleicht eine erneute Zusammenarbeit ergibt.

Damit steht einer späteren Rückkehr ins Unternehmen nichts im Wege, wenn sich z.B. die persönliche und / oder berufliche Situation entsprechend geändert haben oder sich eine neue Herausforderung im Unternehmen auftut.

Planen Sie auf jeden Fall genügend Zeit in ungestörter Atmosphäre für das Gespräch ein.

PRAXIS-TIPP

Hat der Mitarbeiter bereits sein Arbeitszeugnis in der Tasche, fürchtet er auch keine negativen Konsequenzen mehr und ist eher bereit, offen und ehrlich über seine Kündigungsgründe zu sprechen.

Administrative Aufgaben erledigen

Offboarding beinhaltet auch einige administrative Aufgaben, um die sich HR kümmern muss:

- **Kündigungsbestätigung** mit Austrittsdatum an den Mitarbeiter übergeben
- **Letzten Arbeitstag berechnen** (anhand der Kündigungsfrist, Resturlaubsanspruch und Gleitzeitkonto)
- **Finanzielle Ansprüche und sonstige Verträge** prüfen: Hat der Mitarbeiter noch finanzielle Ansprüche, z.B. Boni, Gratifikationen, antei-

liges Urlaubs- oder Weihnachtsgeld? Muss er von der betrieblichen Altersversorgung abgemeldet werden, ggf. die Übertragung der Versicherung veranlasst werden? Laufen weitere Vereinbarungen wie z.B. ein Fortbildungsvertrag mit Rückzahlungsklausel?

- Beurteilungen für das **Arbeitszeugnis** einholen, Arbeitszeugnis erstellen und übergeben
- **Austrittsgespräch** führen (s.o.) und bei positivem Gesprächsverlauf den Mitarbeiter bitten, eine Unternehmensbewertung auf Arbeitgeber-Bewertungsplattformen abzugeben (z.B. kununu oder glassdoor)
- **Nachbesetzung** in Zusammenarbeit mit der Führungskraft / dem Bereich planen und ggf. neu ausschreiben

Offboarding-Aufgaben der Führungskraft
Auch die Führungskraft des ausscheidenden Mitarbeiters hat einige Sonderaufgaben, wie z.B.:

- **Austritt frühzeitig kommunizieren** und direkte Kollegen / das Team und ggf. die Projektkollegen und auch Geschäftspartner, Dienstleister und externe Kontakte über die Kündigung, den voraussichtlichen letzten Arbeitstag und künftige Ansprechpartner informieren
- **Technischen Prozess** des Mitarbeiteraustritts anstoßen (mit Info an IT wg. Sperrung der Accounts etc.)
- **Wissenstransfer sicherstellen**: Dokumentationen frühzeitig vom ausscheidenden Mitarbeiter anfordern und die Übergabe der bisherigen Aufgaben bis zum Austritt an Teamkollegen veranlassen
- **Verabschiedung planen** (z.B. Abschiedsumtrunk oder letztes gemeinsames Mittagessen),
- Letztes **fachliches Mitarbeitergespräch** führen und offene Projekte und Aufgaben ansprechen. Sind alle notwendigen Dokumentationen für den Wissenstransfer vollständig?
- Mitarbeiter darüber informieren, wo er firmeneigene **Arbeitsmittel** (Dienstwagen, Werkzeug, Laptop, Firmenhandy, Zutrittskarte etc.) zurückgeben muss
- Weiterhin **Kontakt pflegen** und den Mitarbeiter ggf. zu Alumni-Treffen einladen

- **Mitarbeiter bitten,** seinen Arbeitsplatz aufzuräumen, seine persönlichen Gegenstände zu entfernen und eventuelle private Daten aus dem Firmennetzwerk zu löschen. Zudem sollte er bei einem eventuellen Umzug seine neuen Kontaktdaten hinterlassen, damit ihm noch ausstehende Unterlagen zugeschickt werden können

PRAXIS-TIPP
Gestaltet sich die Offboarding-Phase schwierig bzw. ist der scheidende Mitarbeiter unkooperativ, haben Sie noch die »Hebel« Arbeitszeugnis und Resturlaubsanspruch, die Sie einsetzen können, um zum notwendigen Wissenstransfer bzw. zur Dokumentation zu motivieren.

Technisches Offboarding durchführen
Auch in der IT-Abteilung müssen einige Prozesse angestoßen und überwacht werden:

- Sperren aller vorhandenen **Mitarbeiter-Accounts** (Software- und Web-Anwendungen)
- **Telefonnummer und E-Mails** sperren oder an Kollegen übertragen / weiterleiten
- **Intranet / Verteilerlisten pflegen** und ggf. Nachfolger eintragen,
- **Organigramme** aktualisieren
- **Rückgabe von Firmenequipment** überwachen (z.B. Laptop, Firmenhandy, Tablet, Werkzeug, Dienstwagen oder -fahrrad, Bahncard, Zutrittskarte etc.)
- **Technische Geräte** (PC, Laptop, Firmenhandy, Tablet etc.) überholen und für Nachfolger neu aufsetzen.

Datenschutz und Datensicherheit gewährleisen
Gerade wenn ein Mitarbeiter das Unternehmen kurzfristig, durch fristlose Kündigung oder im Streit verlässt, sollten HR und der Vorgesetzte die Rückgabe von Arbeitsmitteln und die Sperrung von Zugriffsrechten und Accounts sehr genau überwachen. So können Sie das Risiko einer Datenschutzpanne sowie der Weitergabe von personenbezogenen Daten, Firmen-Know-how und Geschäftsgeheimnissen deutlich minimieren.

9 Nach dem Onboarding ist vor dem Mitarbeiter-Engagement

Es geht weiter ...
In den vorangegangenen Kapiteln haben wir Onboarding aus den verschiedensten Blickwinkeln ausführlich betrachtet und dabei erfahren, wie wichtig Onboarding ist und warum Experten dringend raten, das Thema aktiv anzugehen und im Unternehmen zu etablieren – nicht nur bei HR.

Kurz zusammengefasst: **Professionelles Onboarding**

- garantiert eine effizientere Einarbeitung,
- hebt Produktivitätspotenziale,
- verringert die (Anfangs-)Fluktuation,
- dient der Verankerung und Weiterentwicklung der Unternehmenskultur und
- zahlt positiv auf Recruiting und Employer Branding ein.

Onboarding beendet, Mission erfüllt?
Wer so denkt, hat umsonst investiert! Hört das Bemühen um den Mitarbeiter nach der Probezeit abrupt auf – laut häufiger Meinung von Führungskräften hat er dann nach all den erfolgreichen Onboarding-Maßnahmen endlich seine »Flughöhe« (Performance) erreicht –, lässt auch der erwartete Erfolg nach einer gelungenen Einarbeitungs- und Integrationsphase auf sich warten.

Schauen wir auf den Employee Life Cycle in Kapitel 3, schließt sich das Mitarbeiter-Engagement direkt an die Onboarding-Phase an. Ein perfekt organisiertes Ankommen und Einarbeiten liefert quasi das Sprungbrett für ein nachfolgend hohes Mitarbeiter-Engagement. Sollte es zumindest! Wir wissen, richtig gut eingearbeitete Mitarbeiter entwickeln sich häufiger und schneller zu Top Performern und deshalb zahlt sich Onboarding gleich »doppelt« aus!

Abb. Die Top-Performer von morgen

9.1 Warum ist Mitarbeiter-Engagement so wichtig?

Emotionale Bindung zum Unternehmen und dadurch ein hohes Mitarbeiter-Engagement rückt durch die viel zitierte Schwierigkeit, neue Talente auf dem Arbeitsmarkt zu rekrutieren, immer mehr in den Fokus.

Umso erschreckender: Auch wenn sich Firmen beim Thema Onboarding engagieren, spätestens danach ist bei den befragten Unternehmen[20] häufig Schluss: Ganze 80% haben im Anschluss an das Onboarding kei-

---
20 Haufe Onboarding-Umfrage 2019.

ne Maßnahmen etabliert, um die Motivation und das Engagement ihrer Mitarbeiter weiter zu fördern und zu verbessern. Gerade in dieser wichtigen Anfangszeit verschenken die Verantwortlichen enormes Potenzial, um wertvolle Mitarbeiter auch langfristig an das Unternehmen zu binden. Die dahinterliegende Vermutung »ist er erst einmal angekommen, wird er schon bleiben« ist leider ein Trugschluss.

Abb. Engagement der Mitarbeiter im Fokus. Quelle: Haufe Onboarding-Umfrage 2019

Stellt man nun dieses Ergebnis einer größeren Studie von Gallup[21] an die Seite, wird einem angst und bange: Lediglich 15% der Arbeitnehmer in Deutschland weisen eine hohe emotionale Bindung an ihren Arbeitgeber auf. Drei von vier (71%) der deutschen Beschäftigten fühlen sich nur gering gebunden und 14% haben bereits innerlich gekündigt und besitzen überhaupt keine emotionale Bindung zum Unternehmen. Aus dieser

---

21 Gallup Engagement Index Deutschland 2018.

nicht vorhandenen Bindung resultiert ein entsprechend geringes Engagement, was laut Gallup mit einem volkswirtschaftlichen Schaden von bis zu 103 Milliarden Euro zu Buche schlägt. Weiter belegt die Studie, dass neben dem Verhalten der direkten Führungskraft auch die Unternehmenskultur und der Grad an gelebter Agilität maßgeblichen Einfluss auf die emotionale Bindung und somit auf den wirtschaftlichen Erfolg haben.

Auch eine Stepstone Studie[22] zum Cultural Fit zwischen Unternehmen und Mitarbeitern zeigt einen hohen Zusammenhang zwischen der Identifikation mit der Unternehmenskultur und der Jobzufriedenheit. Ein hoher Match beim Cultural Fit führt zu geringerer Fluktuation, weniger Fehlbesetzungen, höherer Mitarbeitermotivation und damit zu größerem wirtschaftlichen Erfolg. 93% der Befragten gaben an, dass ihnen die Unternehmenskultur bei der Jobsuche sehr wichtig sei und lediglich 14% würden jede Unternehmenskultur in Kauf nehmen, solange die Bezahlung stimmt.

Dies zeigt, dass es eben nicht mehr reicht, nur ein gutes Gehalt zu bezahlen, sondern dass es darauf ankommt, wie ein Unternehmen im Inneren tickt, sprich welche Unternehmenskultur vorherrscht und welche Werte gelebt werden. So ist es unerlässlich in die Motivation und Weiterentwicklung der gewonnenen Talente kontinuierlich zu investieren, damit diese ihre Potenziale ausschöpfen können – und auch wollen. Denn nur wer zufrieden mit seiner Arbeit ist und darin einen Sinn sieht, ist bereit, dafür ein höheres Engagement zu bringen. Genauso wie Unternehmen von der Zufriedenheit ihrer Kunden abhängig sind, genauso abhängig sind sie vom Engagement der eigenen Mitarbeiter. Denn je mehr diese sich mit dem Unternehmen emotional verbunden fühlen und von ihrer Arbeit begeistert sind, desto eher sind sie bereit, sich über das übliche Maß oder den berühmten »Dienst nach Vorschrift« hinaus zu engagieren.

DIE WICHTIGSTEN PUNKTE

Engagierte Mitarbeiter:
- entwickeln sich schneller,
- bleiben länger im Unternehmen,

---
22 Stepstone Studie: Recruiting mit Persönlichkeit.

- sind innovativer und leistungsfähiger,
- gehen die berühmte »Extra-Meile«,
- denken und handeln unternehmerischer,
- sind eher bereit, Verantwortung zu übernehmen und
- sind Markenbotschafter fürs Unternehmen.

Leider ist es oft schon zu spät, wenn Führungskräfte bemerken, dass das Engagement von einzelnen Mitarbeitern nachlässt. Auch hier gilt: Man kann nichts optimieren oder gegensteuern, was man nicht misst. Regelmäßige Mitarbeiterbefragungen und Feedbackgespräche bilden hier eine Art Frühwarnsystem. Ein sehr sicheres Zeichen für ein Engagementproblem ist, wenn die Arbeitsleistung der Mitarbeiter stark zu wünschen übriglässt. Meist ist die Mitarbeiterbindung dann schon sehr gering und die innere Kündigung bereits vollzogen. Hier ist es schwer, das Ruder noch einmal herumzureißen.

Doch soweit muss es gar nicht kommen!

9.2 Wie lässt sich die Mitarbeiterbindung erhöhen?

»Gefahr erkannt, Gefahr gebannt«, sagt ein bekannter Slogan. Wenn wir also wissen, wo ein Risiko liegt oder Gefahr lauert, können wir Vorkehrungen und Maßnahmen ergreifen, um im besten Fall daraus neue Chancen zu entwickeln.

So ist es schon einmal hilfreich, wenn man sich der Gründe bewusst ist, die für Demotivation sorgen und das Engagement der Mitarbeiter negativ beeinflussen, z.B.:

- Schnelles Wachstum des Unternehmens – Mitarbeiter fühlen sich abgehängt
- Unterschiedliche Standorte – dadurch mangelndes Zusammengehörigkeitsgefühl
- Häufiger Führungswechsel und schlechte Führung
- Mangelnde Investitionen in Kompetenz- und Personalentwicklung

- Häufige Veränderung, ständiger Strategiewechsel und schlecht begleitete Change-Prozesse
- dauerhafte Arbeitsüberlastung bzw. Arbeitsverdichtung
- Ungelöste Konflikte im Team
- Schlechte Arbeitsbedingungen und starre Arbeitszeiten
- U.a.

Geld allein macht Mitarbeiter nicht glücklich
Aber was macht nun Unternehmen besonders attraktiv und welche Faktoren stehen in der Wichtigkeitsskala der Arbeitnehmer ganz oben? Geld ist es nicht! Im Global Talent Monitor[23] der Marktforschung CEB steht die Work-Life-Balance auf Platz 1, gefolgt von passendem Unternehmensstandort, respektvollem Umgang miteinander im Unternehmen, Stabilität rund um den Arbeitsplatz, Urlaubsanspruch und erst an sechster Stelle erscheint das Gehalt. Kein überraschendes Ergebnis.

Weitere Studien liefern ähnliche Ergebnisse. Die Botschaft ist klar: Finanzielle Anreize als Wunderwaffe der Mitarbeiterbindung haben ausgedient. Um das Engagement und die Performance der Belegschaft aufrechtzuerhalten und bestenfalls zu erhöhen, braucht es mehr. Die geforderten Wünsche – sei es nach einer besseren Work-Life-Balance, mehr Flexibilität der Arbeitszeit und -ortgestaltung, eine gute Teamatmosphäre etc. – müssen ein Umdenken in Mitarbeiterbindungsprogrammen bewirken. Einst waren Obstkörbe, Tischkicker oder ein Yogaraum hipp und cool, hat man es sich doch von den Start-ups abgeschaut. Mittlerweile beeindruckt das niemanden mehr und wird als Selbstverständlichkeit vorausgesetzt.

Gerade die auf dem Arbeitsmarkt heiß begehrten High Potentials lassen sich viel eher über eine passende Unternehmenskultur anziehen und auch binden, wenn die geforderten Werte nach Selbstbestimmung, Spaß an der Arbeit, Eigenverantwortung, kollegialem Umgang etc. authentisch gelebt werden. Ganz klar: Zufriedene Mitarbeiter, die sich wohlfühlen und den Sinn in ihrer Arbeit sehen, sind engagierter und denken nicht so oft an Abwanderung als unzufriedene und frustrierte Teammitglieder.

---

23 Global Talent Monitor, Marktforschung CEB (Gartner).

Wie wir alle wissen, kostet jede Fluktuation Geld und dem Unternehmen geht bei jedem Weggang wertvolles Know-how verloren.

Wie auch der HR-Report 2019[24] zeigt: Mitarbeiterbindung ist und bleibt das Top-HR-Thema wie schon im Vorjahr. Mit 43% wählten die Befragten erneut die Mitarbeiterbindung auf Platz eins der wichtigsten HR-Handlungsfelder, gefolgt von der Förderung der Beschäftigungsfähigkeit (35%) und der Flexibilisierung der Arbeitsstrukturen (32%) auf den Rängen zwei und drei.

Maßnahmen zur Mitarbeiterbindung im Überblick:
Monetär

- Gehalt/Boni
- Sozialleistungen / Altersvorsorge
- Dienstwagen / Jobrad
- 35 Std. Woche
- Sportangebote
- Wohlfühl-Angebote (Yoga, Firmensport, Massage)
- Freie Verpflegung
- Weiterbildungsangebote

Nicht monetär

- Transparente Unternehmensstrategie
- Cultural Fit
- Anerkennung
- Wertschätzung
- Gute Feedback-Kultur
- Transparente Kommunikation
- Flexible Arbeitszeiten
- Arbeitszeitkonten

---

24 HR-Report 2019, Hays AG.

- Homeoffice-Regelungen
- Work-Life-Balance
- Vereinbarkeit von Familie und Beruf
- Karrierechancen (Fach- oder Führungskarriere)
- Eigenverantwortung
- Gutes Arbeitsklima
- Flache Hierarchien
- Nettes Team
- Führung auf Augenhöhe
- Rollenklärung, klare Verantwortung
- Interessantes Aufgabengebiet (Selbstverwirklichung)
- Spaß an der Arbeit
- Innovationsoffenheit
- Fehlerkultur
- Empowerment
- New-Work-Modelle
- Mentorenprogramme
- Wertebasierte Unternehmenskultur

9.3 Das aktive Fördern des Mitarbeiter-Engagements gehört auf die HR-Agenda

Sie sehen, Unternehmen brauchen kein großes Budget in die Hand zu nehmen, um das Mitarbeiter-Engagement zu steigern. Es gibt eine Fülle von Maßnahmen, die auf dieses Ziel einzahlen (siehe Übersicht in Kap. 9.2). Dennoch: Das Thema braucht Aufmerksamkeit und jemanden, der die Verantwortung übernimmt. Das liegt i.d.R. bei HR – aber nicht nur! Verantwortung liegt auch im C-Level (Strategie / Hierarchien), bei der Führungs-Crew und letzten Endes bei jedem einzelnen Mitarbeiter selbst. HR kann hier aber zusätzlich den Beitrag leisten, für die Wichtigkeit zu sensibilisieren und organisationale Anstöße zu geben. Wichtige

Möglichkeiten, den Transfer von einem gelungenen Onboarding (begleitet durch einen Paten) in ein hohes Mitarbeiter-Engagement zu bewerkstelligen, sind kontinuierliche Dialoge mit der Führungskraft und ein gelebtes Mentoren-Programm.

9.4 Die Rolle der Führungskraft

Wer in die Weiterbildung seiner Mitarbeiter investiert, investiert in die Zukunft seines Unternehmens. Hier kommt den Führungskräften eine wichtige Rolle zu. Wir haben bei den Mitarbeiterbindungsmaßnahmen gesehen, dass es nicht nur Aufgabe von HR sein kann, sich um Mitarbeiterbindung zu kümmern. Gerade die nicht monetären Bindungsmaßnahmen hängen maßgeblich mit der Kultur im Unternehmen und dem gelebten Führungsverhalten zusammen. HR kann der Initiator sein und Programme anstoßen. Führungskräfte sind am nächsten am Mitarbeiter dran und beeinflussen seine Bindung und das daraus resultierende Engagement direkt. Gute Führung zahlt folglich direkt auf die Leistungs- und Wettbewerbsfähigkeit von Unternehmen ein.

Überragende Wichtigkeit nimmt hierbei der Austausch zwischen Mitarbeiter und Führungskraft ein. Regelmäßige Dialoge auf Augenhöhe geben dem Mitarbeiter die notwendige Dosis Aufmerksamkeit. Diese Feedbackgespräche sollten von Wertschätzung und Anerkennung geprägt sein und eine Prise Humor schadet dabei nie!

Gallup[25] liefert mit seinen »Fünf Dialogen« eine praktische Hilfe für regelmäßige Engagement-Gespräche. Der 1. Dialog (**»Intro«**) konzentriert sich auf Rollen und Beziehungen und sollte nach dem Ende des Onboardings bzw. der Probezeit geführt werden. Hier sollten nochmals die gegenseitigen Erwartungen geklärt werden. Dieser einmalige Dialog wird dann abgelöst durch drei kontinuierliche Dialoge, die sich ergänzen: Ein täglicher Austausch (**»Daily«**), der sich um akute Fragen dreht; der wöchentliche (zumindest aber monatliche) Austausch über Prioritäten und Arbeitspensum (**»Review«**); bei Bedarf ein Dialog über die Entwicklung der Stärken (**»Coaching«**), der Daily und Review ergänzt.

---

25 Nink, Marco: »Wie Millenials wirklich ticken und warum die Führungskraft zum Coach werden muss« in »Kompetenzen der Zukunft – Arbeit 2030«, 2018, Haufe.

Zweimal jährlich wird im ausführlichen Mitarbeitergespräch (5. Dialog – **»Interview«**) detailliert über Arbeitsleistung und Ziele gemeinsam diskutiert und ggf. werden Ziele angepasst. In selbstorganisierten Teams mit keiner »klassischen« Führungskraft auf Teamebene können diese Dialoge durch andere Frameworks, z.B. Scrum, ergänzt bzw. ersetzt werden.

9.5 Die Rolle des Mentors

Die Einführung eines Mentorenprogramms ist ein vielversprechendes Konzept, Mitarbeiter dauerhaft weiterzuentwickeln, zu motivieren und damit zu binden. Zeitlich gesehen, kommt der Mentor quasi als Ablösung des Paten, der den Neuzugang während seiner Anfangsphase im Unternehmen unterstützt und ihm in ganz praktischen Dingen mit Rat und Tat zur Seite steht. Ein Pate ist oft ein unmittelbarer Teamkollege (siehe Kapitel 4.4).

Wer eignet sich als Mentor?
Ein Mentor geht einen Schritt weiter. Er übernimmt die Rolle des internen Coachs. Je nach Hierarchiestufe des Mentees sollte der Mentor aus der Geschäftsleitung oder zumindest der nächsthöheren Führungsebene kommen. Es ist jedoch ratsam, dass Mentor und Mentee in keiner direkten hierarchischen Verbindung zueinanderstehen.

Als Mentoren eignen sich vor allem strategische Vordenker und Führungspersönlichkeiten, die sich für die Förderung von Mitarbeitern und Nachwuchskräften begeistern. Sie führen mitarbeiterorientiert und sind keine Platzhirsche, die sich profilieren wollen, sondern ein ehrliches Interesse daran haben, Erfahrungen und Wissen zum Wohle des Mitarbeiters und des Unternehmens zu teilen.

UNVERZICHTBARE KOMPETENZEN EINES MENTORS

- Verantwortungsbewusstsein
- hohes Managementwissen
- guter Netzwerker im Unternehmen
- Innovationsfähigkeit und Weitblick
- Wissens- und Erfahrungsschatz im Arbeitsfeld
- positive Ausstrahlung und Führungskompetenz
- hohes Unternehmenszugehörigkeitsgefühl
- Freude bei der Weitergabe von Wissen und Erfahrung
- Zeitressourcen für den Mentoring-Prozess
- Offenheit und soziale Kompetenz
- Kritikfähigkeit

Was bewirkt Mentoring?

Ziel eines Mentorings ist es, vor allem unerfahrenen oder im Unternehmen neuen Talenten das Wissen und die Erfahrung von (Top-)Führungskräften in strukturierter Form zu vermitteln. Dieses Wissen kann ganz unterschiedliche Facetten haben und enthält z.B. Vision, Business-Strategie, kulturelle Besonderheiten, Tabus, spezifisches Managementwissen, persönliche Erfahrungen des Mentors, Feedback zu Führungsverhalten etc. Der Mentee bekommt wertvolle Unterstützung losgelöst von hierarchischen Abhängigkeiten und vom Alltagsgeschäft. Mentoring bietet eine besonders effiziente Form der Personalentwicklung und dient dem praxisnahen Transfer von Management- und Führungs-Know-how. Beim Mentoring geht es viel um Erfahrungsaustausch und dabei gleichzeitig darum, dem Mentee die Freiheit und den Raum zu lassen, seine Rolle zu finden, sich selbst zu entfalten und eigene Wege im Unternehmen zu gehen. Dies fördert die Motivation und schafft beim Mentee eine hohe emotionale Bindung an den Mentor und ans Unternehmen. Der erfahrene Mentor öffnet seinem Schützling sein Netzwerk an Kontakten, erkennt seine Qualifikation, sieht seine Potenziale und zeigt ihm entsprechende Entwicklungsmöglichkeiten auf.

Wer eignet sich als Mentee?

Mentoring zahlt zum einen auf die individuelle Entwicklung des Mentees ein und zum anderen auf die Entwicklung der gesamten Organisation, in der beide beschäftigt sind. Aus dem Blickwinkel der Organisation macht Mentoring besonders dann Sinn, wenn Mitarbeiter auf Schlüsselpositionen vorbereitet und qualifiziert werden sollen. Auch bei anstehenden Veränderungsprozessen dient es als wichtiges Werkzeug, Mitarbeiter in der Umstellungsphase zu begleiten und dabei gleichzeitig Feedback und Veränderungsbereitschaft in der Belegschaft einzuholen. Das Vertrauen ins Management wird durch die Mentoren-Betreuung gestärkt, was zur höheren Identifikation und gesteigertem Engagement im Unternehmen führt.

Damit Mentoring auch den gewünschten Erfolg bringt, ist es absolut notwendig, dass die Chemie zwischen Mentor und Mentee stimmt. Nicht jeder potenzielle Mentor ist geeignet und nicht jeder Mentee ist in der Lage, die damit verbundenen Herausforderungen mitzugehen.

FÖRDERLICHE VORAUSSETZUNGEN FÜR EINEN MENTEE
- Interesse an beruflicher Weiterentwicklung
- Motivation, neue Dinge zu lernen
- Eigenreflektion
- Offenheit für neue Ideen
- Eigenverantwortung
- Lust, sich auf Neues einzulassen
- Veränderungsbereitschaft
- Freude am Lernen

Den organisatorischen Rahmen eines Mentorenprogramms liefert in der Regel HR und hilft bei der Durchführung. Sei es als Sparringpartner für die Führungskraft oder als Vermittler für den Mentee. Hat sich ein passendes Tandem aus Mentor und Mentee gefunden, vereinbaren diese gemeinsam den Rahmen und die Vorgehensweise, klären die gegenseitige Erwartungshaltung ab und definieren ihre Ziele. Eine Win-win-Situation für Mitarbeiter und Unternehmen!

10 Praxisbericht: Onboarding bei der Hoffmann Group

Christoph Schwarzbart

Autor des folgenden Praxisberichts ist Christoph Schwarzbart. Er verantwortet in der Hoffmann Group den Bereich HR Systems & Data und ist dabei unter anderem auch für die Digitalisierung des People Management weltweit zuständig. Bevor er sich zum Digitalisierungs-Experten entwickelte, durchlief er verschiedenste Stationen im Personalbereich. Vor über sieben Jahren hat er sich dann voll und ganz der Digitalisierung im HR verschrieben. »Let's start a digital revolution in HR« ist sein Leitgedanke und treibt ihn bei seiner täglichen Arbeit stetig an.

Die Hoffmann Group mit ihren rund 3.700 hochmotivierten Mitarbeitern in über 50 Ländern ist Europas Marktführer im Vertrieb von Qualitätswerkzeugen. Wir sind ein Familienunternehmen mit über 100-jähriger Tradition. Seit der Gründung des Unternehmens im Jahre 1919 durch Josef Hoffmann haben die Mitarbeiter im Unternehmen einen besonderen Stellenwert. Wir pflegen bei der Hoffmann Group eine sehr wertorientierte Kultur, die unseren Mitarbeitern ermöglicht, ihr Bestes zu leisten. Wie sich die Hoffmann Group selbst definiert, geben die drei Säulen wieder, die den **Purpose** des mittelständischen Unternehmens beschreiben: Pioneering – Precise – Personal.

Abb. Der Purpose bei der Hoffmann Group. Quelle: Hoffmann Group

Der Purpose **Personal** wird dabei wie folgt definiert: Es wird auf eine vertrauensvolle Zusammenarbeit gesetzt, bei der aufmerksam zugehört und wertschätzend kommuniziert wird. Genau das macht den einmaligen Hoffmann-Spirit und den Teamgeist unter den Kollegen aus.

Dieser wertschätzende Umgang findet sich aber nicht nur in der Kommunikation wieder. So wird beispielsweise auch auf eine gesunde Verpflegung der Mitarbeiter geachtet. Seit der Übernahme der Geschäftsführung durch Franz Hoffmann werden die Mitarbeiter des Unternehmens mit kostenlosen Mahlzeiten in Bio-Qualität verpflegt. Das, was andere große amerikanische Unternehmen seit einigen Jahren recht populär vermarkten, ist bei Hoffmann seit Jahrzehnten gelebter Usus.

Diese einzigartige Kultur gepaart mit tiefverwurzelter Tradition ist auf unseren Gängen einer jeden Niederlassung spürbar. Man grüßt sich, man feiert gemeinsam die Erfolge des Unternehmens, Kollegen hilft man gerne weiter. Vom ersten Arbeitstag an fühlt man sich als Teil einer großen Familie und einer großartigen Kultur.

Doch wie ist es uns gelungen, neue Mitarbeiter mit dieser einzigartigen Kultur und Tradition so vertraut zu machen, dass sie sich bereits nach wenigen Tagen integriert fühlen? Integriert in ein stark wachsendes Unternehmen, dessen Mitarbeiterzahl seit dem Jahr 2015 signifikant angestiegen ist? Aufgrund dieser Dynamik haben wir sehr früh erkannt, dass das klassische Onboarding nicht mehr ausreichend ist. Die neuen Mitarbeiter sollten direkt mit dem Start bei der Hoffmann Group die Kultur, die Tradition und das Unternehmen so schnell wie möglich genau kennenlernen.

Dafür haben wir ein Konzept aus mehreren Komponenten entwickelt, das aus unserer Sicht ein sehr nachhaltiges Onboarding und eine sehr schnelle Integration neuer Mitarbeiter ermöglicht. Dieses Programm ist dabei zu 100% auf die Bedürfnisse der Hoffmann Group zugeschnitten worden.

Das Onboarding-Programm neuer Mitarbeiter beginnt mit der Vertragsunterschrift und endet mit der Probezeit nach sechs Monaten. Unser Anspruch ist dabei, dass der Mitarbeiter in der Zeit vor Arbeitsbeginn nicht den »Draht« zu uns verliert und nach den ersten sechs Monaten im Unternehmen das Handwerkzeug hat, sein Bestes geben zu können.

Dafür investieren wir in diese mehr als sechsmonatige Onboarding-Phase sehr viel in unsere neuen Mitarbeiter. Mit Hilfe des Programms können unsere Mitarbeiter sehr schnell produktiv werden und identifizieren sich dabei auch schneller mit ihrem neuen Unternehmen.

Nach der neu aufgesetzten ersten Phase **orangePRE** (die unten detailliert beschrieben wird) zieht sich die zweite Phase des Onboardings neuer Mitarbeiter über drei bis vier Arbeitstage (je nach Berufsgruppe):

orangeSTART
Der erste Onboarding-Tag beginnt am Standort München und Nürnberg mit einer persönlichen Begrüßung eines Mitglieds des Vorstands der Hoffmann SE. An den anderen Standorten der Hoffmann Group werden

die Mitarbeiter durch ein Mitglied der lokalen Geschäftsführung begrüßt. Danach wird dem neuen Mitarbeiter sein neuer Arbeitgeber und sein moderner Arbeitsplatz (IT-Strukturen, Portallösungen und Ansprechpartner) vorgestellt.

Nach einem gemeinsamen Mittagessen geht es dann mit einer Standortführung weiter, bevor am Nachmittag das Hoffmann Patenprogramm und die HR-Informationen behandelt werden. Am späten Nachmittag des ersten Tages wird der neue Mitarbeiter dann entweder von seinem Paten oder seiner Führungskraft abgeholt und in das neue Team gebracht. Dort erhält er dann sein gesamtes IT-Equipment und wird seinen neuen Kollegen vorgestellt.

orangeON
Der zweite Onboarding-Tag aller neuen Mitarbeiter in Deutschland findet circa eine Woche nach dem Monatsersten in München statt. Dazu reisen auch zweimal im Jahr alle neu eingetretenen Mitarbeiter aus den anderen weltweiten Standorten an. Bei Anwesenheit internationaler Kollegen begleiten Simultanübersetzer den gesamten Tag, um auf Englisch den neuen Kollegen die Inhalte bestmöglich vermitteln zu können.

Ebenso steht der zweite Onboarding-Tag dabei ganz im Zeichen »Mein Arbeitgeber«. Es wird noch einmal vertieft auf die Unternehmensstruktur, die Niederlassungen und natürlich auf Zahlen-Daten-Fakten eingegangen.

Zudem werden auch wichtige Persönlichkeiten wie die Gesellschafterinnen und der Vorstand in einem eigenen Block vorgestellt. Es wird dabei auf die Hoffmann Historie, Kultur, Strategie und die Ziele eingegangen. Einen eigenen Slot haben dabei auch unsere Kollegen aus dem eShop, die den neuen Mitarbeitern diesen dann entsprechend vorstellen. Den Abschluss des förmlichen Blocks macht dann eine kleine Hoffmann Katalogschulung, was sich zu einem besonderen Highlight entwickelt hat. Gemeinsam mit den hauseigenen Produkttrainern wird aus der vierteiligen »orangenen Werkzeugbibel« aus über 85.000 Einzelposten alles rausgesucht, was man für einen Umzug benötigt. Wie passend für einen Start bei einem neuen Arbeitgeber! Da der Katalog in 18 Sprachen übersetzt wird, ist es auch für die internationalen Kollegen immer ein großer Spaß diese Übung mitzumachen.

Den Ausklang des zweiten Onboarding-Tags macht dann die **orangeHOUR**: Ein kleines Abendevent in der Kantine bei der immer mindestens ein Mitglied des »Global Leadership Teams« oder ein Mitglied des Vorstands der Hoffmann SE anwesend ist. Dieses Abendevent bietet eine gute Möglichkeit, mehr über das Unternehmen zu erfahren und zu netzwerken.

orangeTOUR
Der dritte Onboarding-Tag startet mit einer Tour, um die Logistikstandorte Odelzhausen und Nürnberg zu besuchen. Er folgt zeitlich betrachtet auf den Tag nach dem **orangeON**. Die neuen Mitarbeiter lernen in zwei Führungen das Logistikkonzept der Hoffmann Group näher kennen und erhaschen dabei eindrucksvolle Einblicke hinter die Kulissen eines der größten Logistikzentren Europas.

orangeLEAD
Am vierten Onboarding-Tag versammeln sich alle neuen Führungskräfte (Neueintritte und neu beförderte) oder neue *Global Leadership Teammitglieder* zu einem gemeinsamen Workshop. Innerhalb dieses Workshops werden neben den Grundsätzen der Führung in der Hoffmann Group auch interessante und informative Vorträge rund um die Themen Führung und Arbeitsrecht gehalten. **orangeLEAD** wird einmal pro Quartal angeboten.

Weiterführende Maßnahmen im Onboarding-Prozess:
Um die Integration neuer Mitarbeiter nach den ersten Arbeitstagen proaktiv zu unterstützen, bietet die **orangeNETWORK**-Plattform (meet & eat) eine gute Möglichkeit, während der Mittagspause ganz zwanglos neue Kollegen kennenzulernen.

Das Prinzip dahinter ist einfach: Man meldet sich bei der internen Plattform an und wählt selbst aus, in welchen Zeitabständen man neue Kollegen zugelost bekommen möchte. Hierfür stehen zwei verschiedene Varianten zur Verfügung: zweiwöchentlich oder zweimonatlich. Durch einen Zufallsgenerator werden dann die verschiedensten Konstellationen ausgelost. So kann man bspw. als Buchhalter auf einen Produktmanager treffen oder auch auf ein Vorstandsmitglied der Hoffmann SE.

Während des Mittagessens ergeben sich tolle Gespräche und man kann so in den ersten sechs Monaten – und natürlich darüber hinaus – ein beachtliches Netzwerk innerhalb des Unternehmens aufbauen. Nicht selten ergeben sich dann aus diesen ersten Treffen regelmäßige Treffen zum Frühstück, zum Mittagessen oder schlicht auf eine Tasse Kaffee.

Eine weitere Besonderheit der Hoffmann Group sind die Thementage:

Alle drei Monate finden für neue aber auch für Mitarbeiter, die bereits länger im Unternehmen sind, die Thementage statt. An vier aufeinanderfolgenden Tagen stellen sich dabei themenbezogen in abwechselnden Vorträgen die verschiedensten Abteilungen mit ihren Tätigkeitsbereichen vor. Insgesamt sind es aktuell vier Tage, an denen man partiell oder ganztägig teilnehmen kann. Die Teilnahme zählt dabei selbstverständlich zur Arbeitszeit. Hier steht der interdisziplinäre Wissenstransfer im Vordergrund. Man erfährt in den halb- bis einstündigen Vorträgen von den Kollegen alles über deren Aufgabengebiete und die Herausforderungen, mit denen sie tagtäglich konfrontiert sind, oder die Projekte, an denen sie aktuell arbeiten.

Neu aufgelegt wurde zusätzlich ein standardisierter Einarbeitungsplan, mit dessen Hilfe die Einarbeitung des neuen Mitarbeiters über die ersten sechs Monate überwacht und gesteuert werden kann. Im Einarbeitungsplan werden von der jeweiligen Führungskraft konkrete Ziele eingetragen, die während der Einarbeitung erreicht werden sollen. Ebenso auch die Aufgaben, die der neue Mitarbeiter zu erledigen hat, oder die Abteilungen, die er im Durchlauf kennenlernen soll. Es werden aber auch Gesprächstermine festgelegt, bei denen der neue Mitarbeiter Schnittstellenpartner zu anderen Abteilungen kennenlernen soll. Das erleichtert auf Anhieb die Zusammenarbeit, da man sich durch das Gespräch kennenlernen und fachlich austauschen kann.

Digitalisierung des Onboarding-Programms:
Die Digitalisierung des Personalbereichs ist einer der wichtigsten Bausteine unserer HR-Strategie. So war es für uns selbstverständlich, eine digitale Lösung für das Onboarding zu finden, die dieses umfangreiche Programm qualitativ unterstützt.

Mit der **myOnboarding App** von Haufe haben wir die Lösung für eine erfolgreiche Symbiose des bestehenden Programms und der neuen digitalen Welt gefunden. Die App ist dank Cloud-Technologie sehr einfach zu implementieren und bietet mit Start des Projekts sehr gute Strukturen. Das Layout lässt sich samt Unternehmenslogo sehr einfach anpassen, so dass man meinen könnte, die App komme aus der hauseigenen IT-Abteilung.

Mit Hilfe der App können wir in regelmäßigen Abständen **kleine Artikel** oder **Appetizer** (wie wir sie nennen) veröffentlichen. Dies setzen wir insbesondere in der neuen orangePRE Phase ein, um den Kontakt zum neuen Mitarbeiter nicht zu verlieren. Oft unterschreiben diese einige Monate vor dem eigentlichen Start ihren Vertrag und bekommen dann erst kurz vor dem Start weitere Informationen zu ihrem ersten Arbeitstag bzw. dem Onboarding-Programm.

Mit der Applikation können wir auch auf der **digitalen Ebene** die **wertschätzende Kommunikation** der Unternehmenskultur weiterführen und der Mitarbeiter kann sich optimal auf die ersten Tage bei der Hoffmann Group vorbereiten. Die Artikel werden in der orangePRE Phase **ab 3 Monate** vor dem ersten Arbeitstag bis zum Ende der Probezeit über die Haufe App ausgespielt.

Dazu haben wir **vierzig Artikel** sowie einige **Quiz-** und **FAQ-Beiträge** verfasst. Insgesamt sollen noch **weitere zwanzig Artikel** dazukommen, um ein breites Portfolio zu haben. Je nach Berufsgruppe (Praktikant, Auszubildender, Mitarbeiter oder Führungskraft) können schon jetzt unterschiedliche Artikel zielgruppenspezifisch ausgespielt werden.

Bei der Erstellung der Artikel haben wir uns vom bestehenden Onboarding-Programm und dessen Inhalten inspirieren lassen. Die Inhalte vieler Artikel sind Bestandteil der Vorträge, die während der ersten vier Onboarding-Tage gehalten werden. Diese Artikel dienen nun entweder als kurze Vorabinformation für den neuen Mitarbeiter, um später während des **orangeSTART** oder dem **orangeON** mehr zu diesem Thema zu erfahren, oder der Artikel ersetzt einen Themenpunkt auf der Agenda gänzlich. So können wir die Zeit während der ersten beiden Arbeitstage für Themen verwenden, die mehr zeitliche Ressourcen benötigen und für die bisher nicht so viel Zeit zur Verfügung stand.

Die regelmäßige Information des Mitarbeiters nach den ersten Arbeitstagen nimmt bei uns einen wichtigen Stellenwert ein. Anstatt während der ersten Woche das unternehmenseigene Intranet zu durchforsten, stellen wir dem Mitarbeiter alle wichtigen Informationen in der App zu Verfügung. Der neue Mitarbeiter kann so außerhalb der Arbeitszeit (z.B. auf dem Weg zur Arbeit) Artikel und Informationen konsumieren. Damit kommt er schneller in die produktive Arbeit, anstatt vor seinem Rechner zu sitzen, um sich über das Unternehmen weiter zu informieren.

Einen großen Vorteil bietet die **myOnboarding App** mit ihrem integrierten Aufgabenmanagement, das wir vollständig als Ersatz für den Einarbeitungsplan verwenden werden. Wo bisher mit Excel mühsam versucht wurde, den Plan »up-to-date« zu halten, hilft die digitale Lösung, eine moderne Einarbeitung spürbar und erlebbar zu machen.

In einem eigenen Projekt wurden mit jedem Fachbereich die bedeutenden Komponenten der Einarbeitung festgelegt. Diese wurden zentral in der myOnboarding App eingepflegt. Mit Hilfe der Tag-Zuordnung werden den neuen Mitarbeitern nun automatisch die Aufgaben für eine erfolgreiche Einarbeitung regelmäßig zugesendet.

Die zuständige Führungskraft kann diesen Einarbeitungsplan durch Hinzunahme weiterer Aufgaben noch stärker personifizieren, ebenso die Einarbeitung qualitativ monitoren. Dafür kann sie mit dem Führungskräfte-Zugang die Abarbeitung der Aufgaben kontrollieren und bei Bedarf neue Aufgaben hinzufügen.

Für uns liegt der große Vorteil dieser digitalen Lösung in der Messbarkeit des Erfolges. Mit wenigen Klicks können wir auswerten, wie der Mitarbeiter das Onboarding wahrgenommen und ob er sämtliche Aufgaben des Einarbeitungsplans erfüllt hat. Das war bisher nur auf dem manuellen Weg und mit erheblichem Aufwand möglich.

Unsere **Lessons Learned** aus der Implementierung der **myOnboarding App**:

Bevor wir uns für die App entschieden haben, war uns eines ganz wichtig: Proaktives und gesteuertes Stakeholder-Management. Wir haben intern viele Runden mit den verschiedensten Kollegen (HR und Non-HR) gedreht, um sie von der Idee mit der App und der damit verbundenen Vorzüge zu überzeugen – was letztendlich nicht sonderlich schwer war, denn die App beeindruckt durch ihre Funktionalität und dem Leitgedanken dahinter.

Das Projekt sollte dabei aber auch kein reines HR-Projekt werden. Wir haben daher schon beim Stakeholder-Management darauf geachtet, ob die jeweilige Person auch als Redakteur in Frage kommen würde und konnten so im Erstgespräch erkennen, ob eine Bereitschaft besteht, dem Redaktionsteam beizutreten. Zum Projektstart meldeten sich 15 hochmotivierte Redakteure aus den verschiedensten Fachbereichen, um an Artikeln für die Onboarding App mitzuarbeiten.

Beim ersten Projekt-Workshop mit unserem Implementierungspartner erhielten wir mit Hilfe vorgefertigter Themenkarten tolle Impulse für die Artikel. Am Ende hatten wir über 60 Artikel festgelegt, die im Zeitraum 3 Monate vor dem ersten Arbeitstag bis zum Ende der Probezeit ausgespielt werden sollten – exklusive den fachspezifischen Einarbeitungsplänen.

In jedem Fall empfehlen wir in der Retrospektive allen Redaktionsteams, sich bei der Definition der Artikel folgende Fragen selbst zu stellen:

- Wie viele Artikel können wir während der Arbeitszeit und bis zum Rollout realistisch erstellen?

- Ist die Größe des Reaktionsteams ausreichend oder benötigen wir noch weitere Redakteure?
- Sind alle Fachbereiche, die zu den Inhalten der Artikel beitragen können, vertreten?
- Haben wir bereits Bilder in einem Bilder-Archiv, die wir für die Artikel verwenden können?
- Wie viele Artikel wollen wir bereitgestellt haben, um die App live zu schalten?

Gerade in der Startphase des Projekts sind alle hochmotiviert und blenden dabei die Belastung durch das Tagesgeschäft oft aus. Dadurch kommt es dann zu Verzögerungen bei der Lieferung der Artikel und damit zu Verzögerungen beim sogenannten Go-live der App.

Dann heißt es, nicht in Panik zu geraten. Der **Onboardee** wird nie wissen, wie viele Artikel insgesamt vorgesehen waren und welche ihm persönlich gefehlt haben. Wichtig ist allerdings, den eigenen Qualitätsanspruch an die App nicht aus dem Auge zu verlieren. Es sollten daher alle Artikel zum Go-live-Termin der App bereitstehen, die sehr wichtig für den Onboarding-Prozess sind.

Um als Projektmanager die Erstellung der Artikel besser kanalisieren zu können, empfiehlt es sich, eine Priorisierung der Artikel im Redaktionsteam vorzunehmen. Hier gibt es die verschiedensten Varianten. Eine gängige Variante im Projektmanagement ist die Bewertung der Artikel nach **Muss-Soll-Kann**.

- Bei Artikeln, die mit *Muss* bewertet wurden, gilt die **Prio 1**. Damit sind diese Artikel als elementar für den Go-live zu bewerten und müssen im Grunde als Erstes bearbeitet werden.
- Bei Artikeln, die mit *Soll* bewertet wurden, gilt die **Prio 2**. Damit sollten diese Artikel nach Möglichkeit schon für den Go-live zur Verfügung stehen.
- Alle Artikel mit der Bewertung *Kann* sind im Zweifelsfall nachrangig (**Prio 3**) zu bewerten. Diese Artikel können nach dem Go-live fertiggestellt werden.

Wir konnten die App nach circa vier bis fünf Monaten mit vierzig Artikeln (von geplanten sechzig) für unsere neuen Onboardees freischalten. Am Ende hat bei diesen Projekten immer das Tagesgeschäft Vorrang, was natürlich absolut verständlich ist. Plant man von Beginn an genügend Zeit für die Erstellung der Artikel ein und gewichtet diese entsprechend noch nach Wichtigkeit, kommt man während des Projekts weniger ins Schwitzen und hält so sein Projektteam weiter hochmotiviert.

Was können wir aus unserer Erfahrung heraus noch empfehlen?

Diversity im Projektteam
Ein absoluter Benefit für unser Projektteam war die Einbindung von Kollegen, die selbst keine Artikel verfasst, sondern uns in anderen Gebieten tatkräftig unterstützt haben. Hier haben wir vor allem auf die Fachbereiche interne Unternehmenskommunikation, Corporate IT und Grafik zurückgegriffen. Die Kollegen aus der internen Unternehmenskommunikation haben die Artikel vor Veröffentlichung inhaltlich sowie redaktionell geprüft und diese am Ende freigegeben. Die Kollegen aus der Corporate IT haben sich um die Anbindung der App an das eigene Netzwerk gekümmert, damit sich bspw. die neuen Mitarbeiter zu ihrem ersten Arbeitstag mit Single Sign-on in der App authentifizieren können. Die Kollegen aus der Grafik suchten passende Bilder zu den Artikeln heraus und bearbeitenden diese im richtigen Format.

Welche Informationen werden wo gepflegt?
Als Redaktionsteam sollte man sich am besten direkt am Anfang des Projekts fragen, welche Informationen man als fixen Content in der App hinterlegt und auf welche Informationen man ggf. nur per LINK verweist (sofern sich das technisch in Ihrer Systemlandschaft umsetzen lässt). Wichtige und sich regelmäßig verändernde Informationen sollten nach Möglichkeit nicht in der App hinterlegt werden, denn diese immer auf dem aktuellsten Stand der Dinge zu halten, ist sehr zeitaufwendig.

Regelmäßige Redaktionssitzungen
Unsere regelmäßigen Redaktionssitzungen, die alle zwei Wochen stattgefunden haben, trugen stark zum Miteinander des gesamten Teams bei. Dabei wurde in einem 15-30-minütigen Termin der aktuelle Stand aller Beteiligten abgefragt und auch Hilfe angeboten, wenn ein Artikel auf-

grund von zeitlichen Engpässen drohte, nicht rechtzeitig fertig zu werden.

Verantwortlichkeiten und Prozesse klären
Bereits während des laufenden Projekts sollte man überlegen, wie der zukünftige Prozess auszusehen hat:
- Wer legt die neuen Mitarbeiter im Content Bereich der App an?
- Wie erfahren die neuen Mitarbeiter von der myOnboarding App?
- Wer ist für die inhaltliche Weiterführung der App verantwortlich?
- Wer pflegt die Informationen zukünftig in der App ein?
- Wer hält noch offene Artikel nach? Bis wann sollen diese in der App erscheinen?
- Soll es weiter ein Redaktionsteam geben oder löst sich dieses auf?

Auf diese Fragen sollte man möglichst vor der Veröffentlichung der App eine Antwort haben. Hierzu ist eine Übergabe an die entsprechenden Fachabteilungen sehr wichtig – sofern die Projektleitung nicht ohnehin aus dem jeweiligen Fachbereich zur Verfügung gestellt wurde.

Die myOnboarding App kann ein strukturiertes Onboarding nicht vollkommen ersetzen. Sie unterstützt den Onboarding-Prozess und macht das Onboarding für die neuen Mitarbeiter nachhaltiger und erlebbarer. Die App kann Informationen sowie Inhalte jederzeit und an jedem Ort der Welt verfügbar machen. Aber sie kann nicht die persönliche Beziehungsebene ersetzen, die im Onboarding für uns bei der Hoffman Group eine sehr wichtige Rolle spielt.

Persönlich sehe ich sie als eine Art Brückenbauer zwischen der klassischen persönlichen Beziehungsebene und der neuen digitalen Welt. Im Grunde ein wichtiger und elementarer Baustein im Bereich Digital HR.

Autoren

Catrin Birmele

Catrin Birmele ist Chefredakteurin und Content Marketing Managerin in der Haufe Group. Ihr Themenschwerpunkt liegt im HR-Management, insbesondere Recruiting, Onboarding, New Work und Talentmanagement. Sie vereint ihr Fachwissen mit Kreativität und der Freude am Experimentieren mit unterschiedlichen digitalen Medienformaten bei der Entwicklung von zielgruppenspezifischem Content.

Janika Bömers

Janika Bömers leitet das Content Lab (inhouse Content Marketing Agentur) der Haufe Group. Als Betriebswirtin, HRlerin und Chefredakteurin entwickelt sie innovative Tools und Content zu allen HR-, Leadership- und Managementthemen. Sie begeistert sich für nachhaltiges Talentmanagement, Onboarding, Content Marketing, Organisations- und Teamentwicklung.

Veit Lemke

Veit Lemke ist bei der Haufe Group für die Weiterentwicklung des Themenfeldes »Mitarbeiter-Onboarding« verantwortlich. Seine Begeisterung für das Mitarbeiter-Onboarding rührt aus vielen erfolgreichen Jahren im Management und Coaching von klassischen und agilen Teams. Er hat viele Jahre als »klassischer« Abteilungsleiter und Projektkoordinator sowie als »agiler« Product Owner und Coach gearbeitet.

Anja Merklin-Wendle

Anja Merklin-Wendle arbeitet als Content Managerin in der Haufe Group. Die Betriebswirtin beschäftigt sich seit Jahren mit den Themenfeldern Onboarding, HR, Management und Unternehmensführung. Sie schreibt mit Vorliebe Newsletter, Blogbeiträge und Artikel für Unternehmer, Selbstständige und Existenzgründer.

Felix Pohl

Felix Pohl verantwortet das Consulting der Onboarding-Lösungen und -Dienstleistungen der Haufe Group und berät hinsichtlich des Produktdesigns. Er ist seit Jahren in den Themenfeldern HR-IT, HR-Effizienz und HR-Consulting in unterschiedlichen Positionen tätig: Vom zentralen Ansprechpartner für Lösungen und Anforderungsdesign über technischen Implementierungsconsultant und Projektleiter bis hin zum klassischen, strategischen HR-Management-Berater.

Anhang

3. Haufe Onboarding-Umfrage 2019	Seite 179
Muster-Einarbeitungsplan für neue Mitarbeiter	Seite 191
Checkliste für den ersten Arbeitstag	Seite 194
Feedbackregeln im Überblick	Seite 195
Notfallplan bei Problemen in der Einarbeitung	Seite 196
Formular für die Probezeitbeurteilung	Seite 197
Die wichtigsten Onboarding KPIs	Seite 198
Vorlage für Mitarbeiter-Steckbriefe	Seite 199